丫樺媽媽的百味餐桌

帶你品嚐大江南北的舌尖美味

推薦序
RECOMMEND

　　如果你要一本由「吃貨」設計食譜的家常料理書，丫樺媽媽的百味餐桌一定是必要入手的首選。

　　料理很重要，懂吃更重要，要讓家人吃得好、吃得健康的食譜非常不簡單。在我創立吉甲地在地好物市集的時候，我們發現消費者對於食材、口味方面越來越注重，更多人願意花多一點的金額，購買有產銷履歷、甚至有農場故事的食材給家人；在自媒體及電商的發展下，越來越多人從網路購買食材、學習料理。

　　丫樺媽媽的粉絲專頁用簡單易懂的短影音，分享傳統台菜到廣式料理非常多元，甚至還有美式南方料理。但千萬別小看這些短影音，每則觀眾互動都非常熱烈，在丫樺媽媽的用心及不藏私的試菜下，網友反應成功率非常高，在週週直播的分享下，短短時間吸引 27 萬人加入學習料理行列，而很幸運的在這本書裡都收錄了完整食譜。

現代人生活忙錄，在家吃飯的時間變少了，網路媒體及電商因應而起，但唯一不能取代的，是家人手作的溫度。我以前創立以台灣土地為本的電商平台，期待人們用最好的在地食材，重新回到最有溫度的餐桌。ㄚ樺媽媽簡單易懂的食譜，還有不吝分享的料理書，不僅讓在地農夫的食材得到最好發揮，更讓觀眾做出令當地吃貨都驚艷的家常料理。我誠摯推薦讀者細細閱讀，挽袖下廚，並且訂閱作者的社群影音，相信一定可以在料理上獲益良多。

Woody 楊鴻驊

前 YAHOO！奇摩購物中心企業服務部總監

吉甲地在地好物市集 創辦人

南良集團仁和大健康事業集團 總經理

推薦序

引頸期盼千呼萬喚，令人激賞的陳怡樺老師終於出食譜書了。

回想與怡樺老師熟識，是 6 年前本人擔任系主任的時候，特聘她擔任本校食品科學系產學業師。在那期間，不論是帶領學生經營學生餐廳、與學生一起創作料理參加比賽，或是提供廠商有關食物料理的方式及口味建議，怡樺老師都可以用很淺顯的方式講解示範，就算是一個料理生手也能容易完成一道不錯的料理，全系師生獲益匪淺。

怡樺老師個人風格注重美味健康又時尚，這本食譜收藏了好幾個地方的經典菜色，不論是居家料理或是宴客都非常實用。最棒的是，每一道料理都有分解圖，這個對於想要讓廚藝進步的主婦來説，是一個非常好的安排。

　　工欲善其事，必先利其器。我誠摯的推薦怡樺老師的這本食譜，對於想精進廚藝享受人生樂趣的朋友而言，它將會是一本可以讓您受益良多的工具書。

龔瑞林

國立臺灣海洋大學食品科學系教授

臺灣保健食品學會理事長

作者序
FOREWORD

　　每年一到新年，互道新年快樂恭喜發財之餘，總是握緊拳頭的告訴自己，今年的新年新希望就是「做一隻力爭上游的大米蟲」。雖然這麼說，但卻從好像從沒實現過。但是，我會一直有夢最美的做夢下去的！（堅定）

　　早年因為老公工作的關係，我們舉家西進到大陸生活了十年，在那時，連醬油都要自己揹過去，想吃到純正家鄉台菜味只能靠自己了……。那段期間，寒舍簡直跟餐廳一樣，天天喧囂熱鬧不已，無法返鄉過年的思鄉遊子們，全都齊聚一起大口吃肉大口喝酒的圍爐賀新年，我用一桌的家鄉味療癒並溫暖了大夥的心情。

　　我在大陸時是一個全職媽媽，和湖南籍的保母阿姨兩個人，因為愛美食也喜歡研究美食，而我一天除了睡覺，待最久的地方應該就是廚房了。

　　起初經營臉書「丫樺媽媽的543廚房」，只是單純想紀錄做料理的樂趣，後來慢慢的成為我和朋友間，分享各種料理的步驟及祕訣。之後Super Buy市集的老闆劉先生，建議我在臉書上用影音，分享給跟我一樣熱愛料理的朋友們，讓大家能即時的討論及學習。於是就有了你們看我直播時所在的夢幻廚房。

當然還是要謝謝一直在鏡頭後默默支持我的先生，大家可以看到完整的影片都是出自他，於是我呢～就負責賣力揮鏟做料理，而他就負責流口水和拍攝剪接。我都跟來上課的學生說，廚藝想要進步神速的話，有一個最快的方法，就是家裡必須要有一個超大的廚餘桶。

　　就算妳認為自己不會做菜，但其實妳一定會做三道菜：
　　1. 蔥炒蛋（蔥多蛋少）、2. 蛋炒蔥（蛋多蔥少）、3. 蔥蛋雙拼（兩個一樣多），這比荷包蛋還簡單，煎個荷包蛋還容易破呢！（笑）

　　常常自己都會想，大家那麼辛苦工作是為了什麼呢？當然都是為了家庭啊！但是，若是三餐不正常而搞壞身體，而犧牲與家人相處時間，不就本末倒置了嗎？所以，每天一定要跟家人好好說說話，好好享受餐桌上的幸福時光。希望大家能透過食物、透過料理，獲得滿滿的愛與能量。

Y樺媽媽

CONTENTS

╳ 目錄

Chapter 1
各國風味餐桌

Chapter 2
糖水及高湯

ㄚ樺媽媽的廚房小學堂 ———

一、醬油怎麼用？

其實不管生抽、老抽、頭抽、二抽、三抽、日本濃口醬油、薄口醬油等等，指的都是醬油，只是口味與顏色上有所差別而已。

指的都是純釀造醬油，在使用上，因為料理方式不同而有不同的使用時機！

ㄚ樺只能大概讓你們稍稍在使用上分別而已！簡單的說就是，生抽調味、老抽調色。

1、生抽（日本則是薄口醬油）

（東南亞稱 Light Soy Sauce 醬青）

顏色：生抽顏色比較淡，呈紅褐色。

味道：吃起來味道較鹹。

用途：生抽用來調味，因顏色淡，故做一般
炒菜或者涼菜的時候用得多。

2、老抽（日本則是濃口醬油）

（東南亞稱 Dark Soy Sauce 黑醬油、豆油、曬油）

顏色：老抽是加入了焦糖色，顏色很深，呈
現有光澤的棕褐色。

味道：吃起來有微甜的口感。

用途：一般用來給食物上色用。例如紅燒等
需要上色的菜。

3、 甜醬油、甜珠油

（一般東南亞使用居多 Sweet Soy，Sweet Sauce）

糖分比例較高，屬於較甜的醬油，但不是蔗糖的甜，而是焦糖的甜。常用於雞飯或沾醬。

二、 料理酒類 (米酒、黃酒、日本酒)

其實廣意的説，米酒、黃酒、日本酒都是米酒，只是釀造工藝不同而有所區別。

黃酒

代表性的有：花雕酒、紹興酒、紅露酒、老酒、
加飯酒…等。

屬於釀造米酒，通常不經過蒸餾，酒精濃度低於 20 %，色澤呈琥珀黃色。通常有用糯米、粳米、秈米、玉米釀造，但以糯米釀造的黃酒為最佳，因為糯米澱粉中 98.8 % 為支鏈澱粉，分子量較大，吸水快、不易糊化；酒中可溶成分多，口味醇厚。 其它原料則含 20~30% 直鏈澱粉，蒸煮時容易吸入過多水氣，因此風味較淡薄。

中國米酒

代表性的有：甜米酒 (醪糟、酒釀、醴)、紅
標米酒。

使用時機：

1、甜米酒 (醪糟、酒釀)，傳統上是將糯米蒸熟後灑上酒麴發酵而成，不經蒸餾，味道香甜酒精濃度低，一年四季均可飲用。

2、紅標米酒以原料米酒 (阿米洛法製程)，混合糖蜜酒製成後，經蒸餾調和食用酒精而成，酒精濃度 19.5%。

丫樺媽媽的廚房小學堂——

日本酒

代表性的有：釀造過程中主要原料為水、米、麴、酵母、乳酸菌 .. 等。

簡單的說可以分成兩種：

本釀造酒—加入少量釀造酒精來調節香氣和味道。（釀造酒精需低于使用白米重量的10%）。

純米酒—單用米與米麴製造的酒，完全不添加釀造酒精。

使用時機：其實如果要單純達到去腥、增鮮效果，任何一種酒幾乎都可以使用。我個人通常在需要保持食物原味的料理時，通常會使用蒸餾米酒或是日本酒，如果希望增加食物香氣或是紅燒等味重的料理方式時，則會使用黃酒類。

（註：本文內容，部分來自網路查詢或維基。）

三、橄欖油

橄欖油到底能不能加熱？？？

常常有人說：頂級初榨橄欖油 (extra virgin olive oil) 不能拿來炒菜，只能涼拌或是生飲…等！經過查證，其實不然。

1、品質好的冷壓初榨橄欖油因為生產過程中品質的控管，所以「游離脂肪酸」含量較低，通常一般加熱至 160~220℃左右（不同品種與不同多酚含量，各家品牌不一定），才會產生油煙（發煙點），而我們一般家庭做菜通常不會超過這個溫度。

2、當然在做菜加熱過程中一定多少會破壞油
　　裡的「橄欖多酚和維他命 E」，但營養成
　　份並不會完全流失，所以相對還是比其它
　　油品營養健康，而我們常看到加熱時產生
　　的白煙，其實只是橄欖油中的水分所產生
　　的。

3、所以游離脂肪酸愈低 (油酸度越低) 的橄
　　欖油其發煙點就越高，也就更耐高溫。因
　　此，越是頂級的特級冷壓初榨橄欖油越適
　　合用來煎煮炒炸的。

說了這麼多…有優點當然會有缺點，最大缺
點是什麼呢？價錢粉貴啦！越是頂級，越是
昂貴，所以如果真的要挑出毛病，只能說這
樣的用油會很傷本！但是ㄚ樺曾經看過一句
話覺得真的說的很好，跟大家分享一下！**「寧
願把錢花在廚房，而不要把錢花在藥房」**。

四、 鹽麴

鹽麴簡單地說，它是由米麴、鹽和水混合，
經時間發酵而成之產物。
在日本傳統家庭會將鹽麴用來醃漬食物，鹽
麴鹹度比食鹽低、味道也較溫和，另外麴中
含有分解酵素，所以可以分解蛋白質，因此
拿來醃漬肉類可以軟化肉質。使用上就跟食
鹽的食用方式一樣哦！

Chapter 1

各國風味餐桌

ㄚ樺媽媽的家常餐桌 1

冬瓜蓉魚片羹

❶ 鯛魚片⋯⋯⋯⋯⋯⋯⋯⋯200g
❷ 冬瓜⋯⋯⋯⋯⋯⋯⋯⋯⋯600g
❸ 雞蛋白⋯⋯⋯⋯⋯⋯⋯2 顆量
❹ 薑片⋯⋯⋯⋯⋯⋯⋯⋯⋯5 片
❺ 枸杞子⋯⋯⋯⋯⋯⋯⋯⋯少許
❻ 馬蹄粉芡水⋯⋯⋯⋯⋯⋯適量
❼ 白胡椒粉⋯⋯⋯⋯⋯⋯1 小匙
❽ 芫荽葉（香菜）⋯⋯⋯少許
❾ 鹽⋯⋯⋯⋯⋯⋯⋯⋯⋯⋯適量
❿ 純白芝麻香油⋯⋯⋯⋯1 大匙
⓫ 雞高湯（或白開水）⋯1500ml
註：馬蹄粉芡水比例 = 1 大匙馬蹄粉：
2 大匙清水

作法 Practice

1 —— 冬瓜去皮切碎末，鯛魚片切小丁，雞蛋白打散，枸杞子用清水洗
淨備用。

2 —— 湯鍋中下白芝麻油小火炒香薑片。

3 —— 放入高湯及冬瓜末，煮至冬瓜綿軟。

4 —— 續下鯛魚丁、枸杞子至湯鍋中煮熟。

5 —— 用馬蹄粉水將湯勾薄芡，用鹽、白胡椒粉調味。

6 —— 下雞蛋白勾成蛋花，起鍋前放上少許香菜即可。

丫樺媽媽的廚房小秘訣

馬蹄（荸薺）製成的馬蹄
粉，勾芡出來的芡汁清澈
而且不會化水。

麻辣涼拌白菜心

❶ 大白菜心.............................200g
❷ 香菜.........1 大把（切粗碎）
❸ 辣椒.........2~3 根（去籽切絲）
❹ 豆乾.........................3 片（切絲）
❺ 花生...............小半碗（敲碎）
❻ 白芝麻香油.................2 大匙
❼ 辣椒油.............................2 小匙
❽ 花椒油.............................1 大匙
❾ 蒜頭...................1 顆（切末）
❿ 白醋.................................2 大匙
⓫ 糖.....................................1 小匙
⓬ 鹽...適量

作法 Practice

1 —— 白菜心切絲抓鹽，用飲用水洗淨備用。

2 —— 豆干用熱水燙過切絲、香菜粗切、辣椒切絲、花生敲碎。

3 —— 將白芝麻香油、辣椒油、花椒油燒微熱後澆在蒜頭上，再與白醋、糖、鹽拌勻放涼備用。

4 —— 混合以上材料後視個人口味稍做調味即可。

丫樺媽媽的廚房小秘訣

1 白菜抓鹽可消除蔬菜的澀味。
2 豆乾川燙可以去豆腥味。
3 油類燒熱澆上去可逼出食材香氣。

番茄牛肉溫沙拉

❶ 牛小排肉片·····················300g
❷ 大番茄·····························3 個
❸ 秋葵·································10 個
❹ 九層塔葉·························適量
❺ 日式薄口醬油··············3 大匙
　　(或日式昆布醬油)
❻ 蜂蜜·····················1～2 大匙
❼ 洋蔥泥·······················2 大匙
❽ 薑泥···························1 大匙
❾ 初榨橄欖油··················6 大匙
❿ 清酒 (或米酒)··············適量

註 ❶ 秋葵可以用綠蘆筍、綠櫛瓜、四季
　　豆…替代。
　 ❷ 九層塔可用蘿勒、香菜替代。

作法 Practice

1 —— 秋葵先用鹽巴搓洗去除絨毛。

2 —— 秋葵燙熟後泡冰水降溫，切大斜段備用。

3 —— 鍋中放入 500~1000ml 的水煮沸加入清酒，放入牛肉涮熟備用。

4 —— 番茄切大塊，九層塔切絲備用。

5 —— 薄口醬油、蜂蜜、洋蔥泥、薑泥、橄欖油拌勻。

6 —— 將燙熟牛肉片與步驟 5 醬汁拌勻。

7 —— 續加入秋葵、番茄塊、九層塔絲拌勻即可。

丫樺媽媽的廚房小秘訣

1、醬汁要盡量攪拌均勻至乳化狀才會好吃 (看起來從清澈狀到濁濁的)。

2、秋葵表面帶有細小的絨毛，吃起來會有刺癢的感覺，透過鹽巴的摩擦便能輕鬆磨掉外皮的絨毛，讓秋葵吃起來不扎口。

辣味家常炸醬麵

材料 Material

❶ 豬絞肉………………………600g
❷ 豆乾…………………………8 塊
❸ 洋蔥…………………………1 顆
❹ 薑末………………………1 大匙
❺ 蒜頭末……………………3 大匙
❻ 青蔥…………………………2 根
❼ 韓式大醬…………………100g
❽ 韓式辣椒醬………………50g
❾ 冰糖………………………1 大匙
❿ 醬油………………………2 大匙
⓫ 花雕酒……………………100ml
⓬ 清水……250ml(可適量增減)
⓭ 熟白芝麻粒………………2 大匙
⓮ 料理油……………………適量

作法 Practice

1 —— 將洋蔥、青蔥、豆乾切末備用。

2 —— 鍋中放入稍多點油,先下洋蔥末炒至呈現半透明狀。

3 —— 將火力調至中大火,續放入豬絞肉炒至鬆散金黃焦香。

4 —— 下薑末、蒜頭末、青蔥末、豆乾末炒香。

5 —— 將鍋中肉末撥至一旁,下韓式大醬、韓式辣椒醬、冰糖、醬油炒出醬香。(韓式大醬可用味噌或乾黃醬代替,但份量需微調)。

6 —— 將肉末與醬料拌炒均勻,鍋邊下花雕酒嗆香。

7 —— 倒入清水煮沸後,蓋上鍋蓋,轉中小火燉煮至濃稠,最後拌入白芝麻粒即可。

丫樺媽媽的廚房小秘訣

1、豬絞肉要有耐心煸出豬油香氣。

2、炒醬料時要不停翻炒,不然容易焦鍋。

ㄚ樺媽媽的家常餐桌 2

生薑梨茶

材料 Material

❶ 梨⋯⋯⋯⋯⋯1 顆 (約 400g)
❷ 老薑⋯⋯⋯⋯⋯⋯⋯⋯⋯20g
❸ 桂圓⋯⋯⋯⋯⋯⋯⋯⋯⋯10g
❹ 冰糖⋯⋯⋯⋯⋯⋯⋯⋯⋯20g
❺ 水⋯⋯⋯⋯⋯⋯⋯⋯1200ml

作法 Practice

1 ── 將梨子去皮、核，切小丁備用。

2 ── 老薑切片備用。

3 ── 將所有材料放入美顏壺中煮 60 分鐘即可。

丫樺媽媽的廚房小秘訣

冰糖可改成紅糖、片糖替代。

| 松阪叉燒肉

❶ 豬松阪肉······················1 大片
❷ 紅蔥頭末······················2 大匙
❸ 醬油·····························2 大匙
❹ 南乳醬························2 大匙
　（或用紅豆腐乳）
❺ 玫瑰露酒····················2 大匙
　（或用高粱酒代替）
❻ 糖·······························1 大匙
❼ 五香粉························1 小匙
❽ 蜂蜜··························3 大匙

註：此醬料份量約可以醃 600g 肉品

作法 Practice

1 —— 取調理皿將松阪肉放入，依序將紅蔥頭末、醬油、南乳、玫瑰露酒、糖、五香粉放入拌勻。

2 —— 放入冰箱冷藏醃漬 2~4 小時。

3 —— 將叉燒肉取出，稍稍擠乾醬汁，放入預熱 (230/230 度) 烤箱上層。

4 —— 烤 10 分鐘時取出，兩面刷上蜂蜜，續放回烤箱上層，再烤 5 分鐘。

5 —— 取出翻面，兩面再刷上蜂蜜，放回烤箱上層，烤 5 分鐘即可取出放涼切片。

丫樺媽媽的廚房小秘訣

1、一開始用高溫烤可以讓肉汁不流失。
2、如果是小烤箱則放在中層。
3、如果用較厚的梅頭肉醃漬，則需要過夜才能入味。

橙汁芝麻小排骨

材料 Material	❶ 豬小排骨·····························500g		❼ 糖··2 大匙	
	❷ 鮮榨柳橙汁·····················100ml		❽ 糯米醋·································2 大匙	
	❸ 柳橙果肉····················2 顆份量		❾ 香橙酒·································1 大匙	
	❹ 柳橙皮末···························適量		❿ 熟白芝麻粒··························2 大匙	
	❺ 蒜頭末····························1 大匙		⓫ 鹽·····································適量	
	❻ 醬油································1 大匙		⓬ 地瓜粉································適量	

醃料 Material	❶ 鮮榨柳橙汁·····················50ml
	❷ 醬油································2 大匙
	❸ 香橙酒·····························1 大匙
	❹ 全蛋··································1 個

柳橙取肉方式 Practice	  

1 —— 將豬小排與醃料(柳橙汁、醬油、香橙酒、全蛋)拌勻,醃漬 30 分鐘。

2 —— 將步驟 1 豬小排沾地瓜粉,靜置返潮後備用。

3 —— 將油鍋燒熱至 160 度,放入步驟 2 豬小排炸約 3~5 分鐘,撈起瀝乾備用。

4 —— 續將油鍋升溫到 170 度,放入步驟 3 豬小排回炸 1 分鐘(逼油),撈起瀝乾備用。

5 —— 炒鍋中放入少許油,放入蒜頭炒香,續放入柳橙汁、醬油、糖、糯米醋、鹽煮滾。(如夠鹹味,可以不加鹽調味)。

6 —— 放入步驟 4 炸好的豬小排骨,大火炒至收汁,沿鍋邊下香橙酒嗆香。

7 —— 放入熟白芝麻粒拌勻後續放入柳橙肉、柳橙皮末拌勻即可。

避風塘風味蔬菜

❶ 杏鮑菇	⋯⋯⋯⋯⋯	200g
❷ 糯米辣椒	⋯⋯⋯⋯⋯	100g
❸ 蒜頭末	⋯⋯⋯⋯⋯	60g
❹ 薑末	⋯⋯⋯⋯⋯	1 大匙
❺ 大辣椒末	⋯⋯⋯⋯⋯	1 大匙
❻ 麵包粉	⋯⋯⋯⋯⋯	1 碗
❼ 蔥花	⋯⋯⋯⋯⋯	適量
❽ 魚露	⋯⋯⋯⋯⋯	1 大匙
❾ 太白粉	⋯⋯⋯⋯⋯	1 大匙
❿ 糖	⋯⋯⋯⋯⋯	適量
⓫ 油 & 鹽	⋯⋯⋯⋯⋯	適量

作法 Practice

1 —— 將杏鮑菇切滾刀塊，糯米辣椒切大段，用魚露、太白粉稍稍抓醃。

2 —— 鍋中放多些油，燒高溫半煎炸方式，下步驟 1 杏鮑菇、糯米辣椒煎炸至金黃脫水後撈起。

3 —— 原鍋子保留少許油，小火慢慢煸爆蒜末、薑末到金黃色後下辣椒末，稍稍炒香後下麵包粉，慢慢炒到金黃色。

4 —— 下糖、鹽調味，放入步驟 2 杏鮑菇、糯米辣椒快速翻炒，起鍋前下蔥末即可。

丫樺媽媽的廚房小秘訣

炒香蒜酥部分一定要小火慢慢炒，以免燒焦有苦味。

ㄚ樺媽媽的廣東餐桌 1

油鹽水冬菜浸魚

材料　Material

❶ 午 (仔) 魚…………1 尾 (250g)
❷ 冬菜……………………2 大匙
❸ 青蔥……………………2 根
❹ 蒜末……………………1 大匙
❺ 薑末……………………2 大匙
❻ 芫荽 (香菜)……………2 枝
❼ 白芝麻香油……………1 大匙
❽ 清水……………………300ml
❾ 鹽 & 油…………………適量

作法　Practice

1 —— 魚洗淨擦乾，冬菜洗淨切碎備用。

2 —— 炒鍋中放少許油，炒香薑末、蒜末、冬菜，放入清水煮滾 (因為冬菜本身已有鹹度，可斟酌放鹽)。

3 —— 續放蔥段，將魚擺在蔥段上方，蓋上鍋蓋，大火煮 3 分鐘。

4 —— 放上香菜、白芝麻香油，關火續燜 3 分鐘即可。

5 —— 煮過的蔥段及芫荽夾起丟棄，盛盤後放少許新鮮蔥絲、芫荽裝飾，增添風味。

梅菜蒸肉餅

丫樺媽媽的廚房小秘訣

輕摔絞肉可以讓空氣排
出,使肉餅口感比較紮實。

❶ 豬絞肉·250g（肥 3：瘦 7）
❷ 梅乾菜····················20g
❸ 荸薺····················2 顆
❹ 蒜末··················1 小匙
❺ 醬油··················1 大匙
❻ 鹽··················1/2 小匙
❼ 糖··················1/2 小匙
❽ 太白粉·············1~2 大匙
❾ 高湯（或清水）··········2 大匙
❿ 白芝麻香油·············1 小匙

作法　Practice

1 —— 梅乾菜用清水沖洗乾淨，擠乾水份後切細末，荸薺切細丁備用。

2 —— 炒鍋中放入少許白芝麻油，下蒜末、梅乾菜炒香後備用。

3 —— 將豬絞肉放到調理盆中，放入高湯、醬油順時針拌至水份完全吸收。

4 —— 續下荸薺末、步驟 2 梅乾菜、鹽、糖、太白粉充分拌勻，捏起摔打約 2~3 次。

5 —— 將調味好的絞肉放入盤中壓平，大火蒸 8~10 分鐘即可。

銀杏蓮子燉雞湯

❶ 切塊土雞······················半隻
❷ 新鮮去芯白蓮子··············150g
❸ 帶膜銀杏····················30g
❹ 紅棗························10 顆
❺ 黃耆························10g
❻ 枸杞子·······················5g
❼ 薑片·······················3 片
❽ 清水··················1500～1800ml
❾ 鹽···························適量

1 —— 將切塊土雞肉冷水下鍋川燙，到水快沸騰前關火 (約 90℃)，土雞肉夾起後用白開水洗淨備用。

2 —— 蓮子、銀杏去芯，中藥材用清水稍稍沖洗乾淨。

3 —— 湯鍋中放入薑片、雞肉、蓮子、銀杏、黃耆、紅棗、清水，大火煮開，去浮沫後轉小火煲 1 小時。

4 —— 起鍋前 3 分鐘放入枸杞子稍煮，視個人口味用鹽調味即可。

ㄚ樺媽媽的廚房小秘訣

枸杞子不宜久煮以免發酸。

1 —— 將銀杏放入沸水中煮 2 分鐘。

2 —— 撈出後放入冰水中冰鎮。

3 —— 撕除外膜。

4 —— 用牙籤將芯由底部插入，取出銀杏芯丟棄。

1 —— 將雞肉放入冷水鍋中。

2 —— 放入薑片並加入少許米酒。

3 —— 開火煮至快沸騰時關火 (約 90℃，稍稍浸 2~3 分鐘)。

4 —— 將雞肉放至水龍頭下用清水沖洗乾淨。

蠔油扒雙菇 •

材料 Material

❶ 鮮香菇 ························· 100g
❷ 洋菇 ···························· 100g
❸ 芥蘭菜心 ······· 200g（約 15 小顆）
❹ 薑末 ························· 1 小匙
❺ 蒜末 ························· 1 大匙
❻ 蠔油 ························· 2 大匙

❼ 糖 ··························· 1 小匙
❽ 高湯 ························· 50ml
❾ 太白粉水 ············· 1~2 大匙
❿ 白芝麻香油 ··········· 1 小匙
⓫ 油 & 鹽 ················· 適量

註：1. 太白粉水 = 太白粉 1：水 3。
　　2. 青菜可改用青江菜、大豆苗、油菜心……等替代。
　　3. 川燙水中加入 1 大匙鹽、1 大匙糖即為鹽糖水。

1 —— 香菇、洋菇若較大朵，可用刀切成 4 小朵，如太小朵則不用切。

2 —— 青菜用鹽糖水川燙 1 分鐘，放入涼開水降溫後瀝乾備用。

3 —— 炒鍋中放入油，下薑末、蒜末炒香，續下香菇、洋菇稍稍炒至有香氣。

4 —— 原鍋續下蠔油、糖炒出香氣。

5 —— 放入高湯煮沸，下少許太白粉水勾薄芡，加入少許白芝麻香油即可。

6 —— 將步驟 2 青菜圍邊，中間放入炒好的雙菇即可。

丫樺媽媽的廚房小秘訣

用鹽糖水川燙青菜可以保持色澤。

ㄚ樺媽媽的廣東餐桌 2

紹酒燴蝦球

材料 Material

❶ 草蝦⋯⋯⋯⋯⋯⋯⋯⋯⋯⋯10~12 隻
❷ 鮮香菇⋯⋯⋯⋯⋯⋯⋯⋯⋯⋯⋯3 朵
❸ 紅蘿蔔⋯⋯⋯⋯⋯⋯⋯⋯⋯⋯⋯適量
❹ 荷蘭豆豆莢⋯⋯⋯⋯⋯⋯⋯⋯50g
（或甜碗豆莢）
❺ 青蔥⋯⋯⋯⋯⋯⋯⋯⋯⋯⋯⋯⋯1 根
❻ 蒜頭⋯⋯⋯⋯⋯⋯⋯⋯⋯⋯⋯⋯2 顆

❼ 紹興酒⋯⋯⋯⋯⋯⋯⋯⋯⋯1~2 大匙
❽ 太白粉水⋯⋯⋯⋯⋯⋯⋯⋯⋯⋯適量
❾ 白芝麻香油⋯⋯⋯⋯⋯⋯⋯⋯⋯少許
❿ 雞高湯⋯⋯⋯⋯⋯⋯⋯⋯50~100ml
（或用白開水）
⓫ 料理油⋯⋯⋯⋯⋯⋯⋯⋯⋯⋯⋯適量
⓬ 鹽⋯⋯⋯⋯⋯⋯⋯⋯⋯⋯⋯⋯⋯適量

註：太白粉 1：水 3= 太白粉水

蝦肉醃料 Material

❶ 蛋白⋯⋯⋯⋯⋯⋯⋯⋯⋯⋯⋯⋯1 顆
❷ 白胡椒粉⋯⋯⋯⋯⋯⋯⋯⋯⋯1 小匙
❸ 太白粉⋯⋯⋯⋯⋯⋯⋯⋯⋯⋯1 大匙

❹ 白芝麻香油⋯⋯⋯⋯⋯⋯⋯⋯⋯適量
❺ 鹽⋯⋯⋯⋯⋯⋯⋯⋯⋯⋯⋯⋯⋯少許

1 —— 蝦子去頭留尾、開背、挑去腸泥洗淨擦乾，用醃料醃製 10 分鐘備用。

2 —— 荷蘭豆豆莢去除蒂頭與筋膜備用。

3 —— 蒜頭切片，香菇切片，青蔥分成蔥白及蔥綠段，紅蘿蔔切花刀片備用。

4 —— 鍋中多放點油，燒至約 120 度中低溫油，將蝦肉放入炸至變色後盛出備用。

5 —— 原鍋留下少許油燒熱，下紅蘿蔔片、香菇片、蒜頭片、荷蘭豆豆莢、蔥白炒香後嗆紹興酒。

6 —— 放入高湯煮滾，下鹽調味，加少許太白粉水勾薄芡，放入步驟 4 蝦球、蔥綠稍煮 30 秒，加少許香油即可盛出。

椰汁香芋南瓜煲

❶ 南瓜..............................200g
❷ 芋頭..............................200g
❸ 乾香菇...........................3 朵
❹ 蒜頭.............................5 個
❺ 青蔥.............................1 支
❻ 椰漿150~200ml (視口味增減)
❼ 鹽........................1/2~1 小匙
❽ 糖..............................少許
❾ 雞高湯...........................200ml
❿ 油..............................適量

作法　Practice

1 —— 將芋頭、南瓜去皮切塊，乾香菇泡軟後切片，青蔥分為蔥白段與
　　　蔥綠末備用。

2 —— 將芋頭、南瓜用低溫油 (120℃油溫) 油炸，炸至表面金黃定型，
　　　取出瀝乾油份備用。

3 —— 砂鍋中放入少許油燒熱，下蒜頭煎至金黃，續下香菇片、蔥白炒
　　　香。

4 —— 放入高湯、步驟 2 芋頭、南瓜，加蓋略煮 10 分鐘。

5 —— 放入椰漿、鹽、糖拌勻後續煮約 2~3 分鐘，稍稍收汁後灑上蔥
　　　綠即可。

丫樺媽媽的廚房小秘訣

1. 蒜頭煎至金黃可提出整
體香味。
2. 芋頭、南瓜先稍微油炸
脫水，燉煮時會更容易入
味。

檸檬煎軟雞

❶ 去皮雞腿肉‥‥‥‥‥‥‥350g
❷ 黃檸檬‥‥‥‥‥‥‥‥‥1 顆
❸ 黃檸檬汁‥‥‥‥‥‥‥‥30ml
❹ 冰糖‥‥‥‥‥‥‥‥‥‥2 大匙
❺ 醬油‥‥‥‥‥‥‥‥‥‥1 大匙
❻ 糯米白醋‥‥‥‥‥‥‥‥2 小匙
❼ 太白粉 (生粉)‥‥‥‥‥適量
❽ 太白粉水‥‥‥‥‥‥‥2~3 大匙
❾ 雞高湯‥‥‥‥‥‥‥‥100~150ml
❿ 油‥‥‥‥‥‥‥‥‥‥‥適量
⓫ 鹽‥‥‥‥‥‥‥‥‥‥‥適量

註:太白粉水比例 = 太白粉 1:水 3

雞腿醃料:醬油 1/2 大匙,鹽 1/2 小匙,全蛋液 1 顆,檸檬皮屑 1 個檸檬量。

作法 Practice

1 —— 去皮雞腿肉切成約 3 公分見方大小,用醃料醃 30 分鐘備用。

2 —— 將步驟 1 雞球取出,瀝乾水分,均勻拍上薄薄一層太白粉,用 180℃油溫,炸至金黃備用 (或用多點油煎至金黃)。

3 —— 黃檸檬切成 0.2 公分左右薄片備用。

4 —— 炒鍋中放入 3 大匙油燒熱,下雞高湯、冰糖、醬油、糯米白醋、鹽,煮滾。

5 —— 拌入檸檬片、檸檬汁,用太白粉水勾薄芡。

6 —— 放入步驟 2 雞球快速拌勻後即可裝盤。

ㄚ樺媽媽的廚房小秘訣

檸檬汁後放不久煮,可以保留檸檬清香。

霸王花蜜棗排骨湯

材料 Material

❶ 豬小排······························00g
❷ 霸王花乾·························50g
❸ 南杏······························20g
❹ 北杏······························10g
❺ 煲湯蜜棗·······················1~2 顆
❻ 清水·····················1500~1800ml
❼ 鹽······························適量

作法 Practice

1 —— 將豬小排冷水下鍋川燙，夾起後用清水洗淨備用。

2 —— 中藥材用清水稍稍沖洗乾淨。

3 —— 湯鍋中放入豬小排、霸王花乾、南北杏、蜜棗、清水，大火煮開，
撈出浮沫後轉小火煲 2 小時。

4 —— 起鍋前視口味放入少許鹽調味即可。

丫樺媽媽的廚房小秘訣

這道湯水清熱潤肺、益氣
補肺，對身體很好哦！

ㄚ樺媽媽的廣東餐桌３

金沙蝦球

材料 Material

① 草蝦············600g
② 鹹蛋黃···········3 個
③ 鹹蛋白···········1 個
④ 青蔥············1 枝
⑤ 蒜頭············3 個
⑥ 紅辣椒···········1 根
⑦ 胡椒粉··········1 小匙
⑧ 鹽···········1/2 小匙
⑨ 太白粉 (A)······1 小匙
⑩ 太白粉 (B)········適量
⑪ 料理油···········適量

作法 Practice

1 —— 將草蝦去殼及頭、留尾、蝦身開背挑除腸泥，洗淨後備用。

2 —— 取調理皿放入步驟 1 蝦仁、白胡椒粉、鹽、太白粉 (A)，稍稍抓醃後備用。

3 —— 青蔥切小粒、蒜頭切末、紅辣椒切末備用。

4 —— 鹹蛋黃用刀背壓成泥、鹹蛋白切碎末備用。

5 —— 油鍋燒熱至中油溫 (約 160~170℃)，將蝦仁均勻沾上太白粉，放入油鍋中炸熟 (60~90 秒)，撈起瀝乾備用。

6 —— 炒鍋中放入一大匙油燒熱，下鹹蛋黃炒至均勻冒小泡泡。

7 —— 續下蒜末、辣椒圈、蔥粒、鹹蛋白炒出香氣。

8 —— 原鍋放入步驟 5 炸熟蝦球，快速拌勻即可。

註：傳統作法並不會放入鹹蛋白，此食譜為改良版本。

金銀上湯龍鬚菜

材料 Material

❶ 龍鬚菜 ················1 把
❷ 皮蛋 ··················1 個
❸ 鹹蛋 ··················1 個
❹ 瘦肉 ·················50g
❺ 蒜頭 ··················5 個
❻ 枸杞子 ················適量
❼ 白胡椒粉 ···········1 小匙
❽ 料理油＆鹽 ···········適量
❾ 雞高湯·········300ml(或清水)

作法 Practice

1 —— 將龍鬚菜挑去老梗洗淨，皮蛋、鹹蛋切丁，瘦肉切細絲，枸杞子
用清水泡軟備用。

2 —— 鍋中放油爆香蒜頭至金黃，下肉絲、皮蛋、鹹蛋快速翻炒後下清
水大火燒開成白湯。

3 —— 放入龍鬚菜煮至熟軟，起鍋前再下枸杞子略煮，用胡椒粉及鹽調
味即可。

丫樺媽媽的廚房小秘訣

1、燒湯需大火煮滾，致食
材風味溶入才能成白湯。
2、蒜頭需煸至金黃，香氣
才能充分散發。
3、耐煮的蔬菜皆可互相替
換使用(如:地瓜葉、莧菜、
菠菜、枸杞葉…等)

滑蛋牛肉

❶ 牛肉薄片 100g
❷ 雞蛋 (全蛋液 A) ....6 顆
❸ 蔥末 ....適量
❹ 全蛋液 (B) ....1 大匙
❺ 醬油 ....1/2~1 大匙
❻ 糖 ....1/2 小匙
❼ 白胡椒粉 ....少許
❽ 太白粉水 ....4 大匙
❾ 太白粉 ....少許
❿ 白芝麻香油 ....1 大匙
⓫ 鹽 & 料理油 ....適量

註：太白粉水 = 太白粉 1：水 3

作法 Practice

1 —— 將雞蛋打成全蛋液 (A)，撈出 1 大匙 (B) 備用。

2 —— 全蛋液 (A)、太白粉水、少許鹽打成蛋液備用。

3 —— 牛肉用全蛋液 (B)、醬油、糖、白胡椒粉、太白粉，醃漬 30 分鐘備用。

4 —— 放 1 大匙白芝麻香油至步驟 1 牛肉中拌勻。

5 —— 炒鍋中倒入多一些油燒熱，下步驟 2 牛肉片炒至七分熟後盛出備用。

6 —— 原鍋熱鍋後多下點油燒熱，關火，下蛋液。

7 —— 重新開小火，保持微溫的火力，用鍋鏟輕推蛋液。

8 —— 蛋液炒至 5 分熟時，放入步驟 3 牛肉片，炒至 7~8 分熟即可盛出。

9 —— 裝盤後灑上蔥花即可。

丫樺媽媽的廚房小秘訣

炒滑蛋時火力必須保持微溫，以免蛋液過快熟成。

蒜蓉粉絲蒸魚片

材料 Material

❶ 魚片 ·······························300g
❷ 黃酒 ·······························1 大匙
❸ 胡椒粉 ··························1/2 小匙
❹ 太白粉 ··························少許
❺ 粉絲 ·······························1 把
❻ 豆豉 ···············1 大匙 (切末)
❼ 薑末 ·······························1 大匙
❽ 蒜末 ·······························1 大匙
❾ 辣椒末 ··························1 大匙
❿ 鹽 & 料理油 ··················適量
⓫ 生抽 ·······························2 大匙
⓬ 蠔油 ·······························1 大匙
⓭ 香油 ·······························1 大匙

作法 Practice

1 ── 將魚片用黃酒、胡椒粉、太白粉、抓醃靜置備用。

2 ── 粉絲泡軟備用。

3 ── 鍋中下少許油依序下薑末、蒜末、豆豉、辣椒末炒香，視口味加
　　　入少許鹽調味。

4 ── 步驟 3 加入生抽、蠔油、香油拌勻備用。

5 ── 蒸盤上依序放上粉絲、魚片後淋上步驟 4 醬汁，沸水入鍋大火蒸
　　　5 分鐘即可。

6 ── 起鍋後以蔥絲與辣椒絲點綴上桌。

丫樺媽媽的廚房小秘訣

1 魚片若能抓醃後口感更
鮮嫩。
2 食材先炒過後再蒸，風
味更厚實。
3 使用生抽可以使蒸好的
魚類色澤漂亮，如不介意
可以使用一般醬油代替。

ㄚ樺媽媽的泰味餐桌 1

泰式涼拌牛肉沙拉

丫樺媽媽的廚房小秘訣

洋蔥泡冰水可降低辛辣味
並使口感更爽脆。此道是
生食，建議使用冰的飲用
水浸泡。

材料　Material

❶ 牛肉薄片·····················250g
❷ 冬粉·····························1 小把
❸ 紫洋蔥·························1/4 個
❹ 紅蘿蔔絲······················30g
❺ 芫荽 (香菜)··················20g
❻ 蒜末······················1/2 大匙
❼ 辣椒末·······················2 大匙
❽ 醬油·························1 大匙
❾ 檸檬汁·······················2 大匙
❿ 砂糖·························2 大匙
⓫ 魚露·························2 大匙
⓬ 去皮花生末················1 大匙

作法　Practice

1 —— 醬油、檸檬汁、魚露、砂糖、辣椒末、蒜末拌勻成醬汁備用。

2 —— 紫洋蔥、紅蘿蔔切絲泡冰水，芫荽莖切段備用。

3 —— 冬粉剪小段，冷水泡軟，熱水川燙後過冰水瀝乾備用。

4 —— 將牛肉薄片燙熟，與步驟 1 拌勻 (讓牛肉先入味)。

5 —— 接著與步驟 2 紫洋蔥、紅蘿蔔、步驟 3 冬粉、碎花生拌勻。

|

泰式椰香松阪肉

❶ 松阪肉.................200g(約 2~3 片)
❷ 芫荽莖末................2 大匙
❸ 蒜頭末.................1 大匙
❹ 白胡椒粉................1 小匙
❺ 椰漿.................50ml
❻ 醬油.................2 大匙
❼ 椰糖.................1 大匙
❽ 米酒.................1 大匙

❶ 椰糖.................3 大匙
❷ 檸檬汁................4 大匙
❸ 辣椒末................1 大匙
❹ 魚露.................1 大匙
❺ 紅蔥頭................1~2 顆 (切片)
❻ 蠔油.................2 大匙
❼ 芫荽末................1 大匙

作法:將 1~6 的材料攪拌至椰糖充分溶解,再拌入芫荽末即可。

1 —— 將芫荽莖末、蒜頭末、白胡椒粉、椰漿、醬油、椰糖、米酒拌勻備用。

2 —— 將步驟 1 醬料均勻塗抹在松阪肉上,冷藏醃漬 4 小時。

3 —— 將醃漬好的松阪肉放在鐵板或平底鍋上煎熟,切片後淋上醬汁即可。

泰式酸辣海鮮湯

❶ 蛤蠣..............................10 個
❷ 白蝦..............................10 隻
❸ 透抽................................1 尾
❹ 香茅................................2 根
❺ 南薑................................5 片
❻ 泰國小辣椒..............5~10 個
❼ 卡菲萊姆葉 (檸檬葉)............2 片

❽ 紅蔥頭..............................1 顆
❾ 香菜................................適量
❿ 秀珍菇........150g(或是其它菇類)
⓫ 椰糖........................1/2 小匙
⓬ 魚露........................2 大匙
⓭ 檸檬汁........................3 大匙
⓮ 蝦高湯........................800ml

蝦高湯材料:將蝦頭及蝦殼適量、蒜頭末 1 小匙、油適量、清水 1000ml
蝦高湯作法:1、用少許油將蝦頭及蝦殼煎香,放入蒜末炒香。
　　　　　　2、放入清水煮滾,轉中小火煮 15 分鐘後過濾即可。

1 —— 香茅取前方約 3 公分切薄片;泰國小辣椒拍裂;紅蔥頭切片備用。

2 —— 草蝦去殼、去頭,保留尾部,開背去腸泥後備用。

　　　(蝦頭、蝦殼保留做為蝦高湯材料)。

3 —— 透抽去皮及內臟,切花刀片備用。

4 —— 湯鍋中放入蝦高湯,放入南薑片、香茅片、椰糖煮約 10 分鐘,
　　　出味後撈除香料片。

5 —— 加入檸檬葉、小辣椒、紅蔥頭、秀珍菇、魚露煮 1 分鐘。

6 —— 續下蛤蠣煮 1 分鐘,下透抽、草蝦煮至材料全熟後熄火。

7 —— 放上香菜,食用前淋上檸檬汁即可。

1 —— 用手將透抽的頭抓住，輕輕向外拔（包含內臟、墨囊一起拔出），兩邊的鰭也撕下來。

2 —— 透抽外層薄膜用手撕掉（鰭的薄膜也撕掉）。

3 —— 將內層的透明軟骨抽出。

4 —— 用剪刀（或刀子）將透抽剪開（可用水沖洗沒清乾淨的髒汙）。

5 —— 用刀在透抽肉的內側（肚子內部那面）輕輕劃出刻痕（不切斷），切完後轉個方向，重複一次切出刻痕，讓切面成格子狀。（鰭邊也是一樣的步驟）。

6 —— 把透抽一分為二，切 2~3 公分寬的條狀。

7 —— 將透抽頭的內臟、墨囊拔除。

8 —— 將眼睛及嘴巴拔除（或用刀切掉），把觸角 2~3 根一組切開。

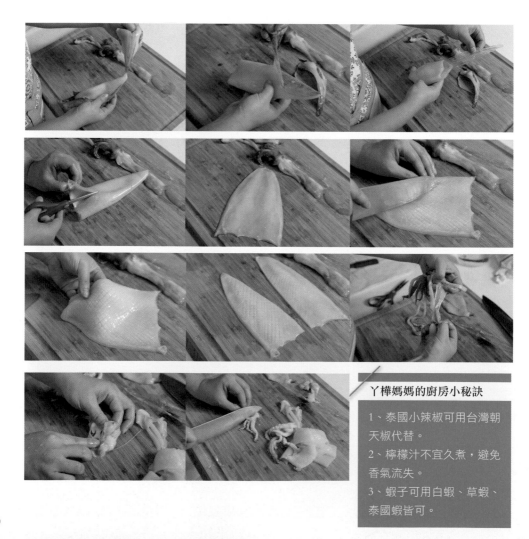

丫樺媽媽的廚房小秘訣

1、泰國小辣椒可用台灣朝天椒代替。

2、檸檬汁不宜久煮，避免香氣流失。

3、蝦子可用白蝦、草蝦、泰國蝦皆可。

清蒸檸檬魚

ㄚ樺媽媽的廚房小秘訣

1、沒有綠辣椒可全用紅辣
椒代替。

2、隔水蒸魚的時間，600g
的魚視厚度，約蒸 8~12 分
鐘，燜 3~5 分鐘。

（魚每多 100g，約增加 1~2
分鐘蒸魚時間。）

材料 Material

❶ 鱸魚⋯⋯⋯⋯⋯⋯⋯⋯⋯⋯500g
❷ 紅辣椒末⋯⋯⋯⋯⋯⋯1 大匙
❸ 綠辣椒末⋯⋯⋯⋯⋯⋯1 小匙
❹ 蒜頭末⋯⋯⋯⋯⋯⋯⋯1 大匙
❺ 芫荽根⋯⋯⋯⋯⋯⋯⋯3 個
❻ 芫荽 (香菜)⋯⋯⋯⋯2~3 根
❼ 南薑⋯⋯⋯⋯⋯⋯⋯⋯⋯10 片
❽ 新鮮檸檬汁⋯⋯⋯⋯⋯2 大匙
❾ 魚露⋯⋯⋯⋯⋯⋯⋯⋯⋯2 大匙
❿ 二砂糖⋯⋯⋯⋯⋯⋯⋯1 大匙

裝飾：芫荽葉、紅辣椒、檸檬片適量
註：二砂糖可以用椰糖或白糖代替。

作法 Practice

1 —— 鱸魚洗淨魚腹內髒污、擦乾，魚身劃刀備用。

2 —— 芫荽根切末備用。

3 —— 魚露、糖、紅綠辣椒末、蒜末、芫荽根末拌勻為蒸魚醬汁備用。

4 —— 取蒸盤依序放入南薑片墊底、鱸魚 (魚腹內放 2 片南薑、少許芫荽) 淋上步驟 3 蒸魚醬汁。

5 —— 放入蒸籠，大火蒸 8 分鐘，關火續燜 3 分鐘。

6 —— 取出蒸魚，夾除魚腹內南薑、芫荽莖丟棄，淋上檸檬汁，擺上裝飾即可。

ㄚ樺媽媽的泰味餐桌 2

咖哩螃蟹

❶ 螃蟹⋯⋯⋯⋯⋯⋯1 隻 (約 800g)
❷ 洋蔥⋯⋯⋯⋯⋯⋯⋯⋯⋯1 顆
❸ 蒜頭末⋯⋯⋯⋯⋯⋯⋯3 大匙
❹ 青蔥⋯⋯⋯⋯⋯⋯⋯⋯⋯2 根
❺ 紅辣椒⋯⋯⋯⋯⋯⋯⋯⋯1 根
❻ 芫荽 (香菜) 葉⋯⋯⋯⋯適量
❼ 咖哩粉⋯⋯⋯⋯⋯1~2 大匙

❽ 醬油⋯⋯⋯⋯⋯⋯⋯⋯1 大匙
❾ 魚露⋯⋯⋯⋯⋯⋯⋯⋯1 大匙
❿ 蠔油⋯⋯⋯⋯⋯⋯⋯⋯1 大匙
⓫ 椰糖⋯⋯⋯⋯⋯⋯⋯⋯1 小匙
⓬ 白胡椒粉⋯⋯⋯⋯⋯⋯1 小匙
⓭ 椰漿⋯⋯⋯⋯⋯⋯⋯180ml
⓮ 料理油⋯⋯⋯⋯⋯⋯30ml

1 —— 洋蔥切大片、青蔥切成蔥花、紅辣椒切斜片備用。

2 —— 將咖哩粉、椰糖、白胡椒粉、蠔油、醬油、魚露、椰漿放入調理碗中拌勻備用。

3 —— 鍋中放入調理油燒熱，下蒜頭末炒出香味。

4 —— 放入油炸定型的螃蟹拌炒至有香氣 (約 3~5 分鐘)，放入洋蔥片稍稍翻炒。

5 —— 續放入步驟 2 醬汁，大火翻炒均勻，將醬汁收汁到濃稠。
　　　(此時稍稍嚐一下味道，如不夠鹹用少許魚露調味)。

6 —— 灑上蔥末、芫荽葉、辣椒片即可。

ㄚ樺媽媽的廚房小秘訣

可以增加 2 顆雞蛋＋椰奶 50ml 拌勻，起鍋前淋上並稍稍翻炒後風味更佳。

1 —— 螃蟹放入冰箱冷凍庫（約 30~60 分鐘），取出備用。

2 —— 將螃蟹折掉腹甲（內有蟹腸），拔開蟹殼，去掉蟹腮、胃囊、蟹心，用清水刷洗。

3 —— 蟹鉗用刀背拍裂，將蟹身切 4 塊。

4 —— 在切好的蟹塊上灑上薄薄一層麵粉，入油鍋高溫（約 160~170 度）炸至定型即可。

泰式香茅草菇湯

❶ 草菇·······························300g
❷ 雞高湯·······················1000ml
❸ 香茅·······························2 根
　　（取前端 1 吋，切斜片）
❹ 南薑·······························5 片
❺ 檸檬葉····························3 片
❻ 乾辣椒····························5 根
❼ 紅蔥頭····························2 顆
❽ 泰國小辣椒·····················10 個
　　（拍裂，視口味調整數量）
❾ 小番茄···························10 顆
❿ 椰糖··························1/2 小匙
⓫ 魚露···········3 大匙 (可增減)
⓬ 檸檬汁···························50ml
⓭ 九層塔···························適量

作法 Practice

1 —— 草菇清洗乾淨，對切，用熱水川燙備用。

2 —— 湯鍋中放入雞高湯，下香茅片、南薑片、檸檬葉、乾辣椒煮 10
分鐘，撈除香料備用。

3 —— 原湯鍋下紅蔥頭、步驟 1 草菇、小辣椒、椰糖、魚露、小番茄，
持續微滾 5~10 分鐘。

4 —— 關火，食用前放入檸檬汁、九層塔即可。

泰味香茅蛤蠣

❶ 蛤蠣⋯⋯⋯⋯⋯⋯⋯⋯⋯500g
❷ 紅蔥頭⋯⋯⋯⋯⋯⋯⋯⋯3 顆
❸ 蒜頭⋯⋯⋯⋯⋯⋯⋯⋯⋯3 顆
❹ 紅辣椒⋯⋯⋯⋯⋯⋯⋯⋯1 根
❺ 香茅⋯⋯⋯⋯⋯⋯⋯⋯⋯2 根
❻ 南薑⋯⋯⋯⋯⋯⋯⋯⋯⋯5 片
❼ 魚露⋯⋯⋯⋯⋯⋯⋯⋯⋯1 大匙
❽ 椰糖⋯⋯⋯⋯⋯⋯⋯⋯⋯1 小匙
❾ 芫荽葉 (香菜)⋯⋯⋯⋯適量
❿ 料理油⋯⋯⋯⋯⋯⋯⋯⋯適量

作法 Practice

1 —— 紅蔥頭切末、蒜頭切末、紅辣椒去籽切末、香茅取前方 5 公分左右切斜片備用。

2 —— 鍋中放少許油燒熱，下紅蔥頭末、蒜頭末、紅辣椒末、香茅片、南薑片炒出香味。

3 —— 放入蛤蠣稍稍拌炒 1 分鐘，下魚露及椰糖翻炒均勻，蓋上鍋蓋稍稍燜煮約 3 分鐘至蛤蠣全開。

4 —— 開蓋灑上芫荽葉即可上桌。

丫樺媽媽的廚房小秘訣

1. 此料理特色為香料，因此香料必須充分炒出香氣後，才能下蛤蠣。

2. 推薦使用「法奇歐尼 莊園葡萄籽油」：嚴選釀酒級葡萄籽製作，含原花青素，油質清爽穩定不易起油煙，生活料理無痛升級，好用無比。(容量：大紫瓶 1000ml，義大利原裝原瓶進口)

羅望子汁炒蝦

材料 Material

❶ 草蝦....................................10 隻
❷ 洋蔥末...............................2 大匙
❸ 紅蔥頭...............................3 顆
❹ 蒜頭末...............................1 大匙
❺ 大紅辣椒...........................1 根
❻ 乾辣椒...............................5 根
❼ 羅望子醬(汁).............3 大匙
❽ 魚露.........1 大匙(可增減)
❾ 椰糖..............................2~3 大匙
❿ 高湯(或清水)...........2 大匙
⓫ 料理油.............................適量

裝飾: 芫荽葉(香菜)

作法 Practice

1 —— 草蝦去殼及腸泥、開背、留尾備用。

2 —— 紅蔥頭切片、紅辣椒切片備用

3 —— 鍋中放入多些料理油,下紅蔥頭片炸至金黃後撈起。

4 —— 原鍋放入蒜頭末,炸至金黃後用濾網濾出(炸油保留備用)。

5 —— 原鍋放入少許步驟 4 炸油,下乾辣椒、草蝦炒香後撈起備用(約 7~8 分熟)。

6 —— 續放入洋蔥末炒至半透明,下椰糖、魚露、高湯(水)、羅望子醬(汁)稍稍煮至濃稠。

7 —— 放入步驟 5 炒香的乾辣椒、草蝦拌勻,灑上芫荽葉裝飾。

8 —— 食用前放上炸香的紅蔥頭片、蒜酥更添風味。

丫樺媽媽的東北餐桌

家常地三鮮

❶ 馬鈴薯·················2 個
❷ 長茄子·················1 根
❸ 青椒·················2 個
❹ 蒜末·················1 大匙
❺ 蔥末·················1 大匙
❻ 薑末·················1 小匙
❼ 糖·················1 小匙
❽ 黃酒·················1 大匙
❾ 醬油·················2 大匙
❿ 清水·················50~100ml
⓫ 香油·················適量
⓬ 太白粉水·················適量
⓭ 炸油·················適量

註：太白粉水比例＝太白粉 1：水 3

作法 Practice

1 —— 馬鈴薯切滾刀塊、茄子切滾刀塊、青椒切大片備用。

2 —— 油鍋燒中溫 (約 160 度)，先將步驟 1 馬鈴薯炸熟撈起，後將油溫拉高再炸一次逼油炸酥。

3 —— 茄子、青椒稍稍過油後盛起備用。

4 —— 炒鍋放少許油，依序下薑末、蒜末、蔥末炒出香氣，下馬鈴薯、茄子拌炒。

5 —— 續加入醬油、糖、黃酒、清水，稍燉一下收汁，下青椒片及少許太白粉水，調味後下少許香油即可。

丫樺媽媽的廚房小秘訣

馬鈴薯要炸到微黃，如此香氣更濃郁。

涼拌老虎菜

❶ 香菜 (芫荽)........................50g
❷ 青椒............................1 個
❸ 黃瓜..........................2~3 根
❹ 蔥白............................30g
❺ 大紅辣椒.......................2 根
❻ 蒜末...........................2 大匙
❼ 烏醋...........................1 大匙
❽ 鹽.............................1 小匙
❾ 砂糖...........................1 小匙
❿ 白芝麻香油..................1~2 大匙

註:蔥白可用大蔥白代替

作法 Practice

1 —— 青椒切絲,芫荽切段,黃瓜去芯切粗絲,蔥白切絲,紅辣椒切絲
備用。

2 —— 蒜末、烏醋、鹽、砂糖、白芝麻香油拌勻成醬汁備用。

3 —— 步驟 1、步驟 2 拌勻即可。

丫樺媽媽的廚房小秘訣

蔥白絲可以泡過冰水降低
辣味並使口感更爽脆。

醬骨架

❶ 豬龍骨·····························1200g
❷ 薑·····························1 大塊
❸ 青蔥·····························1 根
　（可用大蔥或青蒜苗代替）
❹ 白豆蔻·····························5 顆
❺ 八角·····························2 顆
❻ 草果·····························1 顆
❼ 桂皮·····························1 片
❽ 乾辣椒·····························5 根
❾ 花椒粒·····························1 小匙

❿ 香葉·····························3 片
⓫ 乾山楂·····························6 片
⓬ 冰糖·····························1 大匙
⓭ 醬油·····························4 大匙
⓮ 黃酒·····························3 大匙
⓯ 東北黃豆醬·····························3 大匙
　（可用韓式大醬、乾黃醬、
　甜麵醬代替）
⓰ 清水·····························適量
⓱ 料理油 & 鹽·····························適量

1 —— 湯鍋中放入豬骨架，加入清水淹過豬骨架約 1~2 公分開火煮至約 90 度即熄火 (快沸騰的狀態)，泡 5 分鐘後取出，用清水洗淨後備用。

2 —— 白豆蔻 (拍裂)、八角、草果 (拍裂)、桂皮、乾辣椒、花椒粒、香葉、乾山楂裝入茶袋 (或棉袋) 中備用。

3 —— 青蔥切段、薑整塊拍裂，黃豆醬加少許酒或水調開備用。

4 —— 燉鍋中放少許油，下冰糖炒至融化發亮呈現淺褐色 (炒糖色)。

5 —— 放入步驟 1 豬骨架翻炒至均勻上色。

6 —— 續下薑塊、大蔥段、黃豆醬翻炒至有香氣，從鍋邊嗆入黃酒增香。

7 —— 續下醬油、清水、步驟 2 香料包，大火燒開，撈除表面浮沫，中小火燉 60 分鐘。

8 —— 放入適量鹽調味，開蓋稍稍收汁即可 (約 20~30 分鐘)。

丫樺媽媽的廚房小秘訣

骨架可以跑 (沖) 活水 2 小時，去腥效果更佳。料理完成可以整鍋放隔夜，收汁後會更入味。

116

鰱魚頭燉凍豆腐

❶ 鰱魚頭·······························1 個
❷ 香菜（芫荽）····················3 株
❸ 凍豆腐····························10 塊
❹ 寬冬粉····························1~2 把
❺ 薑··································5 片
❻ 青蔥································2 枝
❼ 蒜頭································3 瓣

❽ 糖··································1 小匙
❾ 白醋································1 小匙
❿ 白胡椒粉·························1 大匙
⓫ 醬油······························1/2 大匙
⓬ 黃酒································2 大匙
⓭ 料理油 & 鹽·····················適量
⓮ 熱水·····················1500~2000ml

魚頭醃料：黃酒 2 大匙、白胡椒粉 1 小匙。

1 —— 魚頭先用 1~2 小匙鹽抹勻,靜置 10 分鐘後用清水沖洗乾淨,用醃料醃 10 分鐘備用。

2 —— 香菜切段、寬冬粉泡軟瀝乾、青蔥切段備用。

3 —— 炒鍋放入多些油燒熱,將步驟 1 魚頭煎至金黃有香氣後備用。

4 —— 燉鍋放少許油燒熱,下薑片、蔥段、蒜頭爆香。

5 —— 續放入步驟 3 煎香的魚頭,從鍋邊下黃酒、白醋、醬油嗆香。

6 —— 續放入熱水,大火燒開後快速撈除浮沫,中大火保持沸騰狀態滾約 20~30 分鐘。

7 —— 等湯汁呈現濃稠乳白湯,續放入凍豆腐塊燉約 20 分鐘。

8 —— 放入寬冬粉燉至軟(約 3~5 分鐘),起鍋前稍稍用胡椒粉、糖、鹽調味(視個人口味),最後灑上香菜即可。

丫樺媽媽的廚房小秘訣

可以用老豆腐取代凍豆腐,紅薯粉條取代寬冬粉。

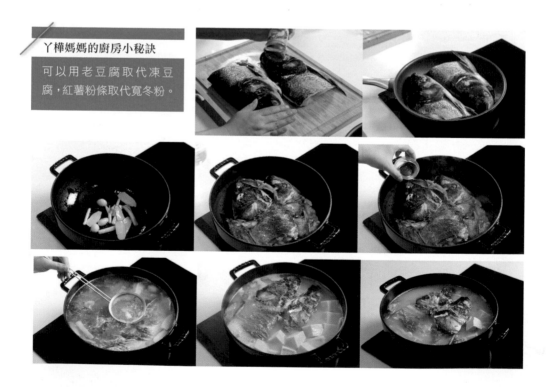

ㄚ樺媽媽的江浙餐桌 1

砂鍋白菜獅子頭

❶ 豬前腿絞肉·····················600g
　（肥：瘦 =3：7)
❷ 豆腐································1 塊
❸ 大白菜·····························500g
❹ 全蛋································1 顆
❺ 蔥末·····························1 大匙
❻ 薑泥·····························1 小匙

❼ 醬油·····························2 大匙
❽ 黃酒·····························1 大匙
❾ 白胡椒粉························1 小匙
❿ 鹽·································1 小匙
⓫ 太白粉·························1 小匙
⓬ 水（或高湯)····················1 大匙
⓭ 雞高湯··························適量
⓮ 油·································適量

丫樺媽媽的廚房小秘訣

加入豆腐讓肉丸比較鬆軟
清爽，也可用老麵饅頭切
小丁替代。

1 —— 建議買回的豬絞肉再剁過一次讓肉產生黏性，太白粉與水（或高湯）拌勻。

2 —— 調理皿放入豬絞肉、全蛋、蔥末、薑泥、白胡椒粉、鹽、醬油、黃酒、步驟1太白粉水拌勻，沿同一方向攪打至黏稠狀（不要摔打出筋）。

3 —— 續加入豆腐捏碎拌勻。

4 —— 取蒸盤放上份量外的白菜葉墊底備用。

5 —— 將步驟2輕拋成約拳頭大小的肉丸（直徑約6~7公分），放至步驟4蒸盤上，入蒸爐蒸15分鐘。

6 —— 將大白菜川燙後瀝乾備用。

7 —— 砂鍋中放入步驟6大白菜、步驟5獅子頭、雞高湯，燒開後轉小火燉煮入味（約1~2小時）。

8 —— 起鍋前視口味再稍稍調味即可。

香干拌青菜

❶ 小松菜...............................500g
❷ 豆乾..................................3 片
❸ 蒜末...............................1 小匙
❹ 白芝麻香油............1~2 大匙
❺ 鹽...................................1 小匙
❻ 糖...................................1 小匙

作法 Practice

1 —— 沸水中加入材料外的 1 小匙鹽，將小松菜放入川燙（先燙葉梗再燙葉子），過冰水擠乾切末備用。

2 —— 續將豆乾川燙 1 分鐘後切碎末備用。

3 —— 將白芝麻香油、蒜末、鹽、糖拌勻為醬汁。

4 —— 將步驟 1、2、3 拌勻後即完成。

丫樺媽媽的廚房小秘訣

小松菜可改成茼蒿、山茼蒿、菠菜、香椿芽…等氣味較重的蔬菜替代。

清蒸臭豆腐

材料 Material		
❶ 臭豆腐·····························5 片	❽ 辣豆瓣醬·····················1 大匙
❷ 毛豆·····························2 大匙	❾ 糖·····························1 大匙
❸ 臘肉·····························30g	❿ 醬油·····························1 小匙
❹ 金鉤蝦米·····················5g	⓫ 黃酒·····························2 大匙
❺ 乾香菇·····························3 朵	⓬ 白芝麻香油·················1 小匙
❻ 蒜頭末·····················1 大匙	⓭ 雞高湯·····················100ml
❼ 辣椒末·····················1 大匙	⓮ 料理油·····························適量

丫樺媽媽的廚房小秘訣

1、蝦米用米酒水浸過可以去除腥味。

2、臘肉用黃酒蒸過可以充分釋放香氣。

3、法奇歐尼 經典特級冷壓初榨橄欖油
暢銷二百年招牌之作，油質溫潤果香均
衡，富含橄欖多酚，穩定耐高溫，生飲
＆中／西式料理百搭萬用。

1 —— 毛豆川燙後瀝乾備用。

2 —— 乾香菇溫水浸軟後擠乾水分切丁，蝦米用米酒水浸過瀝乾備用。

3 —— 臭豆腐入熱水燙過後瀝乾，用刀在豆腐表面上劃十字（不切斷），
　　　放在蒸盤裡備用。

4 —— 臘肉用熱水稍稍沖洗洗淨，淋上 2 大匙黃酒蒸 30 分鐘，去皮切
　　　小丁備用。

5 —— 炒鍋中放入少許油燒熱，下臘肉丁、蝦米、香菇丁炒香。

6 —— 續下蒜末、辣椒末、豆瓣醬、糖炒到有香氣，沿鍋邊下醬油、黃
　　　酒嗆香後熄火。

7 —— 將炒好的配料均勻放在步驟 3 臭豆腐上，淋上高湯。

8 —— 放進已經滾水的蒸鍋中，中火蒸 12~15 分鐘（視豆腐大小），
　　　起鍋前放入步驟 1 毛豆蒸 1 分鐘。

9 —— 趁熱淋上香油即可上桌享用。

糟 鹵 醉 雞

材料 Material

❶ 去骨仿土雞腿·······················1 隻
❷ 糟鹵·······························200ml
❸ 花雕酒····························100ml
❹ 桂皮·······························1 小片
❺ 陳皮································1 片
❻ 花椒································1 小匙
❼ 八角································1 顆

❽ 草果································1 顆
❾ 香葉 (月桂葉)··················3 片
❿ 枸杞子····························1 大匙
⓫ 薑末································1 大匙
⓬ 青蔥································1 枝
⓭ 鹽··································1 大匙
⓮ 清水 (A)·················800~1000ml
⓯ 清水 (B)····················1000ml

作法 Practice

1 —— 調理皿中放入拍裂的青蔥、薑末、鹽,倒入清水 (A),用手搓揉
　　　青蔥出味。

2 —— 放入洗淨的仿土雞腿至步驟 1 中,浸泡 30 分鐘後夾起備用。

3 —— 草果拍裂,陳皮用清水浸軟後刮去內層白膜,其它香料清水洗淨
　　　備用。

4 —— 湯鍋中放入桂皮、陳皮、花椒、八角、草果、香葉,倒入清水 (B)、
　　　煮沸後轉小火煮 10 分鐘。

1、用浸熟的方式可保持雞
肉滑嫩,過冰水讓雞肉更
有彈性。

2、雞肉先用蔥、薑、鹽水
浸泡,可以去腥並讓雞肉
口感更鮮甜。

5 ── 湯鍋中續放入仿土雞腿,煮沸後蓋上鍋蓋,轉小火煮 10 分鐘,
關火續燜 20 分鐘。

6 ── 仿土雞腿夾起後,過冰塊水冰鎮後瀝乾備用。

7 ── 湯鍋中煮雞的香料水過濾後取 300ml 備用。

8 ── 取一個稍深的保鮮盒 (或是調理盆),放入雞肉、枸杞子、糟鹵、
花雕酒、煮雞香料水。

9 ── 放入冰箱冷藏至少 4 小時 (24 小時以上更佳)。

10 ── 取出後,將雞肉切片淋上少許醃汁即可。

ㄚ樺媽媽的江浙餐桌 2

白湯蹄花

❶ 豬腳.............................2 隻 (約 1500g)
❷ 皇帝豆 (或白芸豆).............300g
❸ 薑.................................1 小塊
❹ 青蔥.................................2 枝
❺ 白胡椒粒...........................1 小匙

❻ 陳皮.................................1 小片
❼ 白醋.................................1 小匙
❽ 米酒.................................50ml
❾ 鹽.........................適量 (可不放)
❿ 雞高湯 (或清水)......1000~1200ml

豬腳川燙材料：薑片 5 片、陳皮 1 小片、花椒 1 小匙、米酒 1 匙

1 —— 薑塊拍裂、陳皮泡軟刮去內膜、青蔥打成蔥結備用。

2 —— 湯鍋中放入豬腳切塊、薑片、陳皮、花椒、米酒，加入清水淹過豬腳約 3 公分，大火煮沸，轉中小火煮 10 分鐘，取出用冷水沖洗乾淨。

3 —— 砂鍋中放入步驟 2 川燙好的豬腳、薑塊 (拍裂)、蔥結、白胡椒粒、陳皮、白醋、米酒、雞高湯，大火煮沸後快速撈除浮沫。

4 —— 轉中小火，保持微微沸騰狀態，燉 1~1.5 小時至豬腳熟軟，湯汁呈現濃濃的乳白色。

5 —— 將鍋中青蔥、陳皮夾起丟棄。

6 —— 放入皇帝豆 (白芸豆) 煮至綿軟，用鹽 (可不放) 稍做調味即可。

❶ 香菜⋯⋯⋯⋯⋯⋯⋯⋯⋯⋯⋯⋯⋯1 枝
❷ 蒜泥⋯⋯⋯⋯⋯⋯⋯⋯⋯⋯⋯⋯1 小匙
❸ 醬油⋯⋯⋯⋯⋯⋯⋯⋯⋯⋯⋯⋯1 大匙
❹ 白醋⋯⋯⋯⋯⋯⋯⋯⋯⋯⋯⋯⋯.1 小匙
❺ 老乾媽辣椒醬⋯⋯⋯⋯⋯⋯1 大匙
❻ 白芝麻香油⋯⋯⋯⋯⋯⋯⋯⋯少許

沾醬醬汁作法 Practice

1 —— 將香菜切末與所有材料拌勻即為沾醬。

丫樺媽媽的廚房小秘訣

1、豬前腳肉多，後腳肉少，如單純喜歡喝湯，建議買豬後腳燉湯即可。

2、傳統的白湯蹄花，是用白芸豆來料理，但是台灣不好買，因此改成新鮮的皇帝豆，風味不變。

油 爆 蝦

材料 Material	
❶ (小) 白蝦	600g
❷ 青蔥末	3 大匙
❸ 薑末	1 大匙
❹ 醬油	1 大匙
❺ 鎮江醋	1 大匙
❻ 黃酒	1 大匙
❼ 糖	2 大匙
❽ 鹽	少許
❾ 白芝麻香油	1 小匙
❿ 炸油	適量

作法 Practice

1 —— 將蝦子洗淨,剪去頭部尖刺、眼睛、鬚腳,開背去腸泥,用廚房紙巾擦乾水分備用。

2 —— 油鍋燒至中高溫 (約 150~160 度),放入步驟 1 蝦子油炸 2~3 分鐘後撈起。

3 —— 油鍋續將油溫加熱至高溫 (約 170 度),放入步驟 2 蝦子炸至酥脆後撈起瀝油。

4 —— 炒鍋中放入少許油,放入糖炒化。

5 —— 續放入步驟 3 炸酥後的蝦子與糖炒勻,放入薑末炒香。

6 —— 從鍋邊嗆入黃酒、醬油、鎮江醋、鹽 (視口味) 大火爆炒收汁。

7 —— 起鍋前放入香油、青蔥末拌勻即可。

丫樺媽媽的廚房小秘訣

炸兩次會讓食材更酥脆,第一次是將食材炸熟,第二次才會讓口感更爽口酥脆。

DELICIOUS
RECITES 03

黃 酒 栗 子 燒 雞

❶ 仿土雞腿............2 隻 (切塊)
❷ 薑片........................5~7 片
❸ 蔥....................2 根 (切段)
❹ 栗子....................15~20 顆
❺ 紅、黃甜椒.............各 1 顆
❻ 黃酒 (醃料 A)...........1 大匙
❼ 黃酒 (B)..................200ml
❽ 醬油 (醃料 A)...........1 大匙
❾ 醬油 (B)..................100ml
❿ 冰糖.......................1 大匙
⓫ 清水........................適量
⓬ 鹽..........................適量

作法　Practice

1 —— 雞肉先用醬油 (A)、黃酒 (A) 稍稍抓醃備用。

2 —— 下油熱鍋後放入薑片、蔥白段，將表面煎到微焦金黃。

3 —— 鍋中續放入雞腿肉塊，煎香後稍稍翻炒，沿鍋邊嗆入黃酒 (B)。

4 —— 續加入冰糖、栗子翻炒至糖溶化，下醬油 (B)、水 (淹過食材約 1 公分即可) 煮滾。

5 —— 蓋上鍋蓋燜煮約 15~20 分鐘，開蓋收汁至濃稠。

6 —— 收汁後，加入甜椒、蔥綠，拌炒至蔬菜熟即可。

丫樺媽媽的廚房小秘訣

建議用仿土雞或土雞來料理，一般肉雞肉質較軟爛，口感不佳。

DELICIOUS
RECIPES 04

辣椒鑲肉

丫樺媽媽的廚房小秘訣

1.牛角椒可用翡翠椒代替，
成品冷食或熱食皆可。
2.露出的肉餡煎過可以幫
助定型。

材料 Material

❶ 牛角椒......................8 支（大）
❷ 豬絞肉................350~400g
❸ 荸薺............................3 粒
❹ 青蔥末........................1 大匙
❺ 乾香菇........................2 朵
❻ 雞蛋............................1 顆

填餡工具：塑膠袋或是擠花袋 1 個

❼ 黃酒............................1 小匙
❽ 白胡椒粉........................少許
❾ 鹽........................1/2 小匙
❿ 太白粉........................1 大匙
⓫ 白芝麻香油....................1 小匙
⓬ 料理油............................適量

醬汁材料 Material

❶ 醬油............................2 大匙
❷ 烏醋............................1 大匙
❸ 蠔油............................1 大匙
❹ 冰糖............................1 大匙

❺ 雞高湯（或清水）........300ml
❻ 太白粉水........................適量
❼ 白芝麻香油....................適量

作法 Practice

1 —— 牛角椒切掉蒂頭及尾端，挖去內部的籽。

（家常作法：在牛角椒尾端，斜切一刀口，幫助入味）。

2 —— 乾香菇溫水泡發後切細丁，荸薺拍碎後切成細末。

3 —— 豬絞肉再剁一次讓肉質更細緻。

4 —— 將調理盆放入步驟 3 豬絞肉、雞蛋、黃酒、白胡椒粉、鹽抓勻，
沿同一方向攪打至有黏性。

5 —— 續放入荸薺末、香菇末、青蔥末、太白粉、白芝麻香油,拌勻即為肉餡。

6 —— 將肉餡放入塑膠袋或是擠花袋中,平均填入步驟 1 牛角椒中。

7 —— 將牛角椒餡料露出的部分,沾上少許粉量外的太白粉備用。

8 —— 平底鍋放入約 2 大匙油燒熱,放入步驟 7 牛角椒,將切口的肉餡部分先煎過,再將整支椒放入煎香。

9 —— 依序加入醬汁材料(醬油、烏醋、蠔油、冰糖、雞高湯),大火煮滾後轉小火燜煮約 12~15 分鐘。

10 —— 用太白粉水將鍋中的醬汁勾少許薄芡,加白芝麻香油增香。

11 —— 將燜煮好的牛角椒鑲肉夾至盤中,淋上醬汁即可。

回鍋肉

❶ 豬五花肉..................................300g
❷ 蒜苗...1 根
❸ 青尖椒.....................................5 個
❹ 紅辣椒.....................................1 根
❺ 蒜末....................................1 大匙
❻ 薑末....................................1 大匙
❼ 老乾媽辣豆豉.....................1/2 大匙
❽ 郫縣豆瓣醬...........................1 大匙
❾ 醬油.................................1/2 大匙
❿ 黃酒....................................1 大匙
⓫ 花椒粒..............................1~2 大匙
⓬ 料理油 & 鹽............................適量

註：❶ 川燙五花肉香料－薑片 5 片、蔥 1 根、八角 1 個、花椒 1 大匙
　　❷ 郫縣豆瓣醬為蠶豆製作，香氣與一般黃豆製成豆瓣醬不同。

作法　Practice

1 —— 湯鍋中放入燙肉香料、清水 (800~1000ml) 煮 3 分鐘，放入豬肉條煮 10 分鐘。

2 —— 夾出豬肉條，放入冰塊水冰鎮，切薄片備用。

3 —— 蒜苗切斜段、青尖椒切斜片、紅辣椒切斜片備用。

4 —— 炒鍋下少許油燒熱，下花椒粒、步驟 2 豬肉片，炒至豬肉金黃微捲，沿鍋邊下黃酒嗆香。

5 —— 續下豆瓣醬、辣豆豉，炒至泛紅油且有香氣，沿鍋邊下醬油炒勻。

6 —— 原鍋續下薑末、蒜末炒出香氣。

7 —— 最後下青蒜苗、尖椒片、紅辣椒片，炒至斷生即可。

丫樺媽媽的廚房小秘訣

1、燙五花肉的水中放入香料，可以去腥並增加香氣。
2、也可以用生肉直接拌炒至金黃微焦。

麻辣蒟蒻燒雞塊

材料 Material		
❶ 帶骨仿土雞腿1隻 (約 500g)	❽ 醬油	1 大匙
❷ 蒟蒻塊 200g	❾ 冰糖	1 小匙
❸ 薑片 5 片	❿ 米酒	1 大匙
❹ 大紅辣椒 2 根	⓫ 雞高湯 (清水) 200~300ml	
❺ 青蔥 2 枝	⓬ 太白粉水 1~2 大匙	
❻ 芹菜 3 枝	⓭ 白芝麻香油 適量	
❼ (郫縣) 豆瓣醬 2 大匙 或一般的豆瓣醬	⓮ 鹽 適量	
	⓯ 油 適量	

香料：八角 1 個、花椒 1 大匙、白荳蔻 5 顆、草果 1 個、月桂葉 (香葉)3 片

註：太白粉水 = 太白粉 1：水 3(生粉、玉米粉、番薯粉、蓮藕粉皆可勾芡)

1 —— 將雞肉切塊、紅辣椒切片、青蔥切段、芹菜切段備用。

2 —— 蒟蒻切厚片，用鹽水煮 2 分鐘去除異味。

3 —— 炒鍋中放少許油，放入雞腿塊煎至金黃，夾起備用。

4 —— 原鍋下香料、薑片翻炒至有香氣，續下郫縣豆瓣醬、冰糖炒至有
　　　紅油及香氣。

5 —— 放入步驟 3 雞塊、步驟 2 蒟蒻翻炒至有香氣，沿鍋邊嗆入米酒、
　　　醬油翻炒均勻。

6 —— 下雞高湯 (或清水)，煮沸後蓋上鍋蓋，中火燜煮 10~15 分鐘。

7 —— 開蓋後稍稍收汁，下紅辣椒片、蔥段、芹菜段稍稍翻炒，淋上太
　　　白粉水勾薄芡。

8 —— 起鍋前下少許香油、鹽 (可不放) 調味即可。

蒜味川耳拌黃瓜

材料 Material				
❶	小黃瓜	1 條	❼ 糖	1 小匙
❷	泡發川耳 (黑木耳)	40g	❽ 辣椒油	1 大匙
❸	香菜 (芫荽)	適量	❾ 花椒油	1/2 大匙
❹	大紅辣椒片	適量	❿ 白芝麻香油	1 大匙
❺	蒜頭末	2 大匙	⓫ 鹽 (A)	1 大匙
❻	白醋	2 大匙	⓬ 鹽 (B)	2 小匙

1 —— 小黃瓜去瓜芯，拍裂後切大段，用鹽 (A) 抓拌，靜置 10 分鐘，用飲用水洗淨備用。

2 —— 將乾川耳 (黑木耳) 溫水泡發，用熱水川燙 3 分鐘，過冰水冰鎮後瀝乾備用。

3 —— 調理皿中放入蒜頭末、白醋、糖、辣椒油、花椒油、白芝麻香油、鹽 (B)，混合至鹽、糖溶化。

4 —— 將黃瓜、川耳 (黑木耳)、辣椒片、香菜放入步驟 3 醬汁中混合均勻，冷藏 20 分鐘即可。

丫樺媽媽的廚房小秘訣

蔬菜抓鹽可去除菁味。

酸菜豆花魚

材料 Material

❶ 鱸魚肉······························2 片
❷ 嫩豆腐····························· 1 盒
❸ 酸菜心···········100g(切絲)
❹ 去皮炸花生····················適量
　（敲成粗粒）
❺ 蒜末···························2 大匙
❻ 薑末···························1 大匙
❼ 蔥末···························2 大匙
❽ 香菜····························適量

❾ 郫縣 (或一般) 豆瓣醬2 大匙
❿ 花椒······················1~2 大匙
⓫ 乾辣椒··················10~20 根
⓬ 糖·························1 小匙
⓬ 黃酒·························1 大匙
⓮ 醬油···················1~2 小匙
⓯ 豬油·························2 大匙
⓰ 魚骨高湯··············1000ml
⓯ 鹽··············適量 (可不放)

Material 魚肉醃料材料

❶ 黃酒·························1 大匙
❷ 蛋白·························1 顆
❸ 胡椒粉·······················適量
❹ 香油···························少許
❺ 鹽···························少許

註：魚肉用蛋白抓醃過後，口感更滑嫩。

Practice 魚肉醃製作法

魚骨高湯材料 Material

❶ 鱸魚魚骨……………………1 份
❷ 黃酒……………………1 大匙
❸ 薑片……………………5 片
❹ 清水……………………1500ml

作法：鍋中放入少許油，大火煎香薑片、魚骨，黃酒沿鍋邊嗆香，放入清水，中大火煮 15 分鐘，過濾備用。

魚骨高湯做法 Practice

1 —— 魚片用醃料調味約 10 分鐘入味。

2 —— 豆腐用湯匙挖大塊放入砂鍋，加入魚高湯 500ml，中小火煮 10 分鐘（高湯稍稍蓋過豆花即可）。

3 —— 炒鍋放入豬油，下花椒粒、乾辣椒炒香後撈出，將香料用刀剁碎（即為刀口辣椒）。

4 —— 原鍋下蒜末、薑末、酸菜絲炒香，續下豆瓣醬炒出紅油。

5 —— 沿鍋邊嗆香黃酒後，下醬油、糖、魚高湯 500ml 煮沸。

6 —— 將步驟 1 魚片一片片放入煮至泛白，倒入步驟 2 豆花上。

7 —— 放上步驟 3 刀口辣椒、蔥花。

8 —— 燒熱份量外的 1 匙豬油、1 匙香油，澆在步驟 7 香料上，灑上香菜、碎花生即可。

ㄚ樺媽媽的川味餐桌 2

川味紅燒牛肉

❶ 牛肋條……………………1000g
❷ 牛番茄………………………1 顆
❸ 白蘿蔔………………………1 根
❹ 洋蔥…………………………1 顆
❺ 薑…………………………1 小塊
❻ 蒜苗…………………………1 枝
❼ 明德辣豆瓣醬…………3 大匙
❽ 明德黑豆瓣醬…………2 大匙
❾ 八角…………………………2 個
❿ 草果…………………………1 個
⓫ 陳皮………………………1 大片

⓬ 白豆蔻……………………10 顆
⓭ 桂皮…………………2~3 小片
⓮ 香葉…………………………3 片
⓯ 乾辣椒………………………5 根
⓰ 花椒粒……………………1 大匙
⓱ 冰糖………………………1 大匙
⓲ 米酒………………………2 大匙
⓳ 醬油………………………1 大匙
⓴ 油 & 鹽……………………適量
㉑ 牛骨高湯 (或水)……2000ml

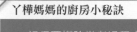

丫樺媽媽的廚房小秘訣

1、記得要撈除燉煮過程中
出現的浮沫，這個小動作
可以使湯頭更為清爽。
2、牛肉為美國牛，需燉約
1 小時。如果是用本土牛，
則燉約 2 小時。
3、豆瓣醬需用油炒至微微
發亮，才會有醬香味 (而
不是霉醬缸味)。

1 —— 將牛番茄切大塊、白蘿蔔去皮切大塊、洋蔥切片、青蒜苗分成蒜青末與蒜白段、牛肋條切大塊備用。

2 —— 草果、白荳蔻、薑塊拍裂，陳皮浸軟刮除內層白膜備用。

3 —— 炒鍋中下少許油，下八角、草果、陳皮、香葉、白豆蔻、桂皮、乾辣椒、花椒粒炒香，放入棉袋包好備用。

4 —— 炒鍋中續下少許油，下薑、蒜白段、牛肋條煎至金黃色且有香氣。

5 —— 原鍋續下辣豆瓣醬、黑豆瓣醬、冰糖，炒出光澤帶有醬香後，淋上醬油、米酒，翻炒均勻後將材料移至燉鍋。

6 —— 炒鍋放入洋蔥炒至半透明，下步驟 1 牛番茄塊翻炒至有香氣後，將所有材料移到燉鍋。

7 —— 燉鍋中續放入白蘿蔔塊、步驟 3 香料包、清水 (高湯)，大火煮開轉小火燉 1 小時至牛肉軟爛。

8 —— 起鍋前將香料包夾起，視個人口味加鹽調味，最後灑上少許蒜末即可。

麻婆海鮮豆腐

材料 Material				
❶ 豬絞肉	150g	❾ 醬油	1 大匙
❷ 板豆腐	1 塊	❿ 糖	1 小匙
❸ 蝦仁	10~15 隻	⓫ 高湯（或水）	200ml
❹ 蟹腿肉	150g	⓬ 黃酒（或米酒）	1 大匙
❺ 花椒粉	1/2 大匙	⓭ 蔥花（或蒜苗）	適量
❻ 薑末	1 大匙	⓮ 太白粉水	適量
❼ 蒜末	3 大匙	（太白粉 1：水 3）	
❽ 郫縣豆瓣醬	2 大匙	⓯ 白芝麻香油	少許
（或是一般辣豆瓣醬）		⓰ 油＆鹽	適量

海鮮醃料：白胡椒粉 1 小匙、香油 1 小匙、酒 1 小匙、太白粉適量

1 ── 蝦仁、蟹腿肉用白胡椒粉、香油、酒、太白粉抓醃，板豆腐切大丁備用。

2 ── 炒鍋放入少許油加熱，下薑末、蒜末炒香後放入絞肉炒至泛白。

3 ── 續下豆瓣醬、糖、花椒粉、醬油炒出香味。

4 ── 下豆腐丁、黃酒、高湯煮沸後，再放入蝦仁、蟹腿肉、中小火煨煮至微微收汁。

5 ── 起鍋前下少許太白粉水勾芡，灑上香油、蔥花(或蒜苗)即可。

丫樺媽媽的廚房小秘訣

醬料炒過才能釋放香氣。

棒棒口水雞

墊底配菜：黃瓜絲、香菜段、寬冬粉

寬冬粉處理方式：將冬粉冷水浸軟，入沸水煮熟 (透明狀)，過冷開水沖涼備用。

材料 Material		
❶ 去骨仿土雞腿·······················1 隻	⓫ 花椒 (B)······························2 大匙
❷ 美極鮮味露·······················1 大匙	⓬ 白芝麻香油·······················1 大匙
❸ 芝麻醬·····························1 小匙	⓭ 去皮熟花生············適量 (敲碎)
❹ 紅辣椒油·························3 大匙	⓮ 熟白芝麻粒············適量 (磨碎)
❺ 烏醋 (或白醋)··············1 大匙	⓯ 米酒·······························1 大匙
❻ 糖·······························1 小匙	⓰ 鹽·······························1 小匙
❼ 薑末·····························1 大匙	⓱ 清水·······························1000ml
❽ 蒜頭末·························1 大匙	⓲ 薑片·······························3 片
❾ 蔥末·····························2 大匙	⓳ 蔥·······························1 枝
❿ 花椒 (A)··························1 大匙	⓴ 料理油·························2 大匙

ㄚ樺媽媽的廚房小秘訣

1. 用浸熟的方式可保持雞肉滑嫩，過冰水讓雞
肉有彈性。

2. 法奇歐尼 經典特級橄欖油
含高比例初榨橄欖油，色澤微金透綠，質地清
爽微果香，日常料理無痛轉換，烘焙也適用。
(容量：大黃瓶 1000ml/ 小黃瓶 500ml，義大利
原裝原瓶進口)

1 —— 將仿土雞腿洗淨，用鹽抹勻醃 10 分鐘備用。

2 —— 湯鍋中放入清水、蔥、薑片、花椒 (A) 煮沸，放入米酒、仿土雞腿，煮沸後快速撈除浮沫，蓋上鍋蓋，轉小火煮 10 分鐘，關火燜 20 分鐘，將雞肉過冰開水後切片備用。

3 —— 將步驟 2 煮雞湯取 2 大匙備用。

4 —— 炒鍋中放入料理油，下花椒 (B)，小火煸出花椒香，撈起花椒粒用刀剁碎，放入調理碗備用。

5 —— 原鍋續下薑末、蒜末炒香，連油一起倒入步驟 4 調理碗裡。

6 —— 將煮雞雞湯、美極鮮味露、芝麻醬、紅辣椒油、烏醋 (或白醋)、糖、白芝麻香油，倒入調理碗中拌勻。

7 —— 將調味好的醬汁淋在切片雞腿肉上，灑上花生、白芝麻粒、蔥末即可。

註：雞肉烹調的時間視雞肉的大小調整。

茭白筍燒臘肉

❶ 臘肉·······································100g
❷ 笈白筍·································300g
❸ 鮮香菇·································2 朵
❹ 青蔥·······································1 枝
❺ 蒜頭·······································5 顆
❻ 乾辣椒·································10 根
❼ 花椒粒·································1 大匙
❽ 醬油·······································1 大匙
❾ 糖···1 小匙
❿ 黃酒·······································1 大匙
⓫ 料理油·································適量

1 —— 臘肉用熱水煮 10 分鐘，夾起用冷水清洗後，去皮切薄片備用。

2 —— 鮮香菇切片，青蔥切段備用。

3 —— 笈白筍削去外面老皮，洗淨後切滾刀塊，放入油溫約 170 度油鍋，
　　　炸至表面金黃略乾後撈起備用。

4 —— 炒鍋下少許油燒熱，下步驟 1 臘肉片、蒜頭，煸炒至有香氣。

5 —— 原鍋續下花椒粒、乾辣椒，炒香後下香菇片、步驟 3 笈白筍塊翻
　　　炒。

6 —— 下醬油、糖、鹽（視口味調整），放入蔥段稍稍翻炒，鍋邊下黃
　　　酒嗆香即可。

Chapter 2
糖水及高湯

萬用清雞高湯

❶ 雞骨架⋯⋯⋯⋯⋯⋯⋯⋯⋯⋯2 副
❷ 紅蘿蔔⋯⋯⋯⋯⋯⋯⋯⋯⋯⋯1 根
❸ 洋蔥⋯⋯⋯⋯⋯⋯⋯⋯⋯⋯⋯1 個
❹ 西洋芹⋯⋯⋯⋯⋯⋯⋯⋯1~2 枝
❺ 新鮮平葉巴西利⋯⋯⋯⋯⋯5 枝
❻ 新鮮百里香⋯⋯⋯⋯⋯⋯⋯5 枝
❼ 新鮮月桂葉⋯⋯⋯⋯⋯⋯⋯3 片
❽ 水⋯⋯⋯⋯⋯⋯⋯⋯2000~2500cc

作法 Practice

1 ── 紅蘿蔔切半、洋蔥切半、西洋芹切段備用。

2 ── 雞骨架冷水下鍋川燙，夾起用清水洗淨。

3 ── 冷水將所有材料放進湯鍋裡，沸騰後撈除浮沫，轉小火，保持
微微滾，蓋上一張烘焙紙（或是鍋蓋），煮 1 小時後過濾即可。

腐竹蛋花酒釀湯圓

材料 Material

❶ 乾腐竹(腐皮)……100g
❷ 酒釀……適量
❸ 雞蛋……1個
❹ 小湯圓……適量
❺ 冰糖……150g(可適量增減)
❻ 水……1200ml

作法 Practice

1 —— 腐竹(腐皮)用水泡軟，剪成小段(較硬的地方切除丟棄，以免影響口感)。
2 —— 雞蛋打成蛋花，湯圓放入熱水煮至浮起備用。
3 —— 湯鍋中放入步驟1浸軟腐竹、清水，煮沸後撈除浮沫，蓋上鍋蓋，中大火煲約 40 分鐘至腐竹軟爛。
（保持滾沸狀態，偶而要攪拌避免沾黏鍋底）。
4 —— 放入冰糖煮 3 分鐘，熄火，打入蛋花蓋上鍋蓋燜 2 分鐘。
5 —— 放入步驟 2 煮熟湯圓，淋上酒釀即可享用。

丫樺媽媽的廚房小秘訣

1、熄火下蛋花可使蛋花口感滑嫩。
2、酒釀不宜高溫久煮，以免香氣及營養流失。

南北杏木瓜銀耳糖水

❶ 木瓜......................................1 個
❷ 新鮮銀耳.........................1 大朵
❸ 南杏...................................30g
❹ 北杏...................................10g
❺ 蜜棗...................................2 顆
❻ 水......................1800~2000ml

註：如喜歡略甜的口味，可適度增加
蜜棗或是冰糖。

作法　Practice

1 —— 木瓜去除外皮、木瓜籽、白膜，切大塊備用。

2 —— 銀耳去除中心較硬的部分，剝成小朵備用。

3 —— 湯鍋中放入南杏、北杏、蜜棗、清水煮沸，轉小火煮 15 分鐘。

4 —— 續放入銀耳、木瓜，煮沸後撈除浮沫，蓋上鍋蓋，小火燉煮 30
　　　分鐘即可。

丫樺媽媽的廚房小秘訣

木瓜選擇稍硬未熟成的，
以免煲起來易化掉影響口
感及賣相。

蓮子馬蹄綠豆仁糖水

材料 Material

❶ 綠豆仁·······························100g
❷ 新鮮蓮子···························100g
❸ 荸薺 (馬蹄)·······················10 顆
❹ 冰糖·······························100g
❺ 水·······························1500ml

作法 Practice

1 —— 綠豆仁、蓮子洗淨備用。

2 —— 荸薺去除外皮洗淨，切成小丁備用。

3 —— 湯鍋中放入綠豆仁、蓮子、荸薺、清水，煮沸後撈除表層浮沫，
蓋上鍋蓋小火煮 30 分鐘。

4 —— 起鍋前放入冰糖煮 5 分鐘即可。

清補涼甜湯

❶ 乾蓮子 50g
❷ 乾百合 20g
❸ 薏仁 30g
❹ 玉竹 20g
❺ 淮山 30g
❻ 芡實 30g
❼ 沙蔘 20g
❽ 桂圓肉 20g
❾ 蜜棗 ....2 個
❿ 冰糖 ....適量
⓫ 水 1800ml

作法 Practice

1 —— 將乾蓮子、乾百合、薏仁、玉竹、淮山、芡實、沙蔘洗淨備用。

2 —— 取湯鍋將步驟 1 材料及桂圓肉、蜜棗放入，加入清水，燒開後撈除浮沫，蓋上鍋蓋，轉小火煲 2 小時。

3 —— 起鍋前放入冰糖煮 10 分鐘即可。

丫樺媽媽的廚房小秘訣

1、不加冰糖，改加瘦肉或雞肉，就是鹹的清補涼雞湯或瘦肉湯。

2、煲湯的水量需一次加足，如中途需加水，則要加熱水。

3、乾蓮子不宜泡發而且不能沸水時才放入，否則會煮不爛。

4、不食用的藥材可以裝入茶袋燉煮，之後再取出（如：玉竹、沙蔘）。

註：冰糖若改片糖風味更佳

SILWA 西華名鍋

瑞士原礦不沾系列鍋具
SWISS ORE COOKWARE

瑞士原礦表層
多層噴塗技術

鍋底強化鑄造
高效能聚熱圈

握柄結構加強
人體工學設計

湯鍋 SOUP POT
20cm/24cm

炒鍋 CHINESS WOK
30cm/32cm

平底鍋 FRY PAN
26cm/28cm/30cm

採用瑞士純淨礦石原料製成，材質天然環保，多重噴塗技術，具有細緻表層，輕鬆料理不沾黏；一體成型鍋體，結構厚實，耐用度高；加厚鑄造鍋底，更穩固，高效能聚熱圈，導熱均勻快速。

 Gas
 Induction
 Camic
 Electric
 Washing
Food safe

ILAG NON STICK
SWISS TECHNOLOGY
ULTIMATE

傳 家 寶
Professional Chinese Wok
世代好味道

- 西華「傳家寶炒鍋」高品質不鏽鋼鏡面處理，省油、不沾、好洗、不變黃，導熱均勻且快速。

- 採用304不鏽鋼，比傳統不鏽鋼更省油、好清洗，煎煮食物只需少許油即可達到不沾效果。

- 鍋底超硬陽極處理導熱比五層不鏽鋼鍋更快，更均勻，大火加熱不變

- 人體功學設計手柄、蓋把手，具有不易斷裂及低傳熱的特性，無燙傷之虞，具有良好的止滑效果，讓鍋具使用更加安全、舒適。

FARCHIONI1780
IL FUTURO È NELLE NOSTRE RADICI.

穩定耐高溫210°C

TVBS義大利食安專訪

義大利240年傳承製油

歐亞超市同步上架商品

Nielsen市調義大利銷售第一品牌

煎煮炒炸皆宜

單元不飽和脂肪酸70%

鮮採直送原裝原瓶進口

富含脂溶性維生素A、D、E、K

國際QAS食安認證

人工採收傳統製程

CPC
GLOBAL

台灣總代理：奇普康國際有限公司
產品責任險字號：1516字第08PD02477號
食品業者登入字號：F-128007399-00000-1

全臺唯一　自由配蔬果箱

SuperBuy為您嚴選優質、安心的新鮮蔬果，每週您可以自由搭配多種
喜愛的水果，週五週六宅配到家，讓您輕鬆買、安心吃！

北鼎美顏壺 | 粉漾飛梭款

和生活談一場甜度爆表的戀愛

更多介紹　　線上食譜

粉漾美顏壺再進化

- ·創新燈帶進度顯示條
- ·炖旋鈕升級功能
- ·專屬雙配件收納座
- ·配件加大口徑易操作

全新優雅茱萸粉新色系，生活美學再升級

| 燕窩 |
不夾生、不化水

| 煲湯 |
可煮人蔘、花膠等

| 優格 |
40℃，持久恆溫

| 溫奶 |
60℃，入口適宜

| 粥品 |
香濃稠密，暖心暖

總代理　大侑貿易有限公司

新光三越
站前店10F　(02)2371-2957
南西店7F　(02)2567-6251
信義A8館7F　(02)2722-8935
台中中港店8F　(04)2254-8410
西門店A區B1　(06)303-0869

高雄三多店10F　(07)331-5310
高雄左營店9F　(07)346-9069

遠東百貨
信義A13館8F　(02)8786-5861
板橋中山店10F　(02)8964-7855
桃園店10F　(03)331-1800
新竹大遠百5F　(03)528-0186
台中大遠百9F　(04)2259-8876

永和比漾廣場5F　(02)8231-
SOGO中壢店7F　(03)280-5
南紡購物中心B1　(06)209-5
高雄統一時代5F　(07)822-0

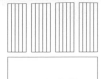
橙實文化有限公司
CHENG -SHI Publishing Co., Ltd

33743 桃園市大園區領航北路四段 382-5 號 2 樓
讀者服務專線：（03）381-1618

Orange Taste 16

ㄚ樺媽媽的百味餐桌
── 帶你品嚐大江南北的舌尖美味
作者：ㄚ樺媽媽

作　　　者	ㄚ樺媽媽	
攝　　　影	囝仔新	
總 編 輯	于筱芬	CAROL YU, Editor-in-Chief
副總編輯	謝穎昇	EASON HSIEH, Deputy Editor-in-Chief
行銷主任	陳佳惠	IRIS CHEN, Marketing Manager
美術設計	S_Dragon	

製版／印刷／裝訂 皇甫彩藝印刷股份有限公司
贊助廠商

出版發行	橙實文化有限公司
MAIL	orangestylish@gmail.com
粉絲團	https://www.facebook.com/OrangeStylish/
經 銷 商	聯合發行股份有限公司
初版日期	2020年1月

讀者資料（讀者資料僅供出版社建檔及寄送書訊使用）

● 姓名：＿＿＿＿＿＿＿＿＿＿＿＿　　　● 性別：口男　　口女

● 電話：＿＿＿＿＿＿＿＿＿＿＿＿

● 地址：＿＿＿＿＿＿＿＿＿＿＿＿＿＿＿＿＿＿＿＿＿＿＿

● E-mail：＿＿＿＿＿＿＿＿＿＿＿＿＿＿＿＿＿＿＿＿＿＿＿

買書抽好禮

1 **活動日期**：即日起至2020年3月15日
2 **中獎公布**：2020年3月20日於橙實文化 FB 粉絲團公告中獎名單，請中獎人主動私訊收件資料，若資料有誤則視同放棄。
3 **抽獎資格**：購買本書並填妥讀者回函，郵寄到公司；或拍照 MAIL 到信箱。並於 FB 粉絲團按讚及參加粉絲團新書相關活動。
4 **注意事項**：中獎者必須自付運費，詳細抽獎注意事項公布於橙實文化 FB 粉絲團，橙實文化保留更動此次活動內容的權限。

橙實文化 FB 粉絲團
https://www.facebook.com/OrangeStylish/

【BUYDEEM】北鼎美顏壺

北鼎美顏壺
市價約8200元
限量 **5** 台

【西華 SILWA】

瑞士原礦
不沾炒鍋30cm
市價約2980元
限量 **1** 個

（贈品款式顏色隨機出貨）